ホネホネ動物ふしぎ大図鑑

監修／富田京一

この本のつくりと使い方……………………………………4

- ホネってなんだろう？ 骨と動物の進化 ……………………………………………… 5
- ホネってなんだろう？ ヒトの骨のつくりとはたらき ……………………………… 6

第1章　日本の動物たち

草原をはねるように走る動物なあに!? … ウサギ＜ニホンノウサギ＞ ……… 10
暗闇を自在に飛ぶ動物何だ!? ……………… コウモリ＜アブラコウモリ＞ …… 14
　特集 骨から見るあしのはたらき ……………………………………… 18
枝分かれした大きな角の動物は何!? …… シカ＜ニホンジカ＞ ……………… 20
手足を広げて滑空する動物だれだ!? …… ムササビ ……………………………… 24
　特集 動物の角の種類と形 ……………………………………………… 28
シャベルのような前あしの動物は何!? … モグラ＜コウベモグラ＞ ………… 30
夜空にはばたくハンターはだれだ!? …… フクロウ …………………………… 34
　特集 骨から見る鳥の特性 ……………………………………………… 38
池に浮く、平らなくちばしの動物は!? … カモ＜カルガモ＞ ……………………… 40
体をくねらせて進む生きものは何!? …… ヘビ＜アオダイショウ＞ ………… 44
　特集 歯の形でわかる動物の食生活 …………………………………… 48
水辺が好きな、しっぽのない動物何だ？ … カエル＜ウシガエル＞ ……………… 50
水中にすむ尾の長い動物はだれ!? ……… オオサンショウウオ ……………… 54
　特集 ブタのあしでつくってみよう！ ………………………………… 58

第2章　世界の動物たち

森にすむやさしい力もちはだれだ!? …… ゴリラ＜ニシゴリラ＞ ……………… 62
タケが大好きな白黒模様の動物は!? …… ジャイアントパンダ ……………… 66
　特集 近くて遠い、ヒトとチンパンジー ……………………………… 70
草原にすむ首の長い動物はなあに!? …… キリン＜マサイキリン＞ …………… 72
森にくらすしま模様のハンターはだれ!? … トラ＜ベンガルトラ＞ ……………… 76

ホネホネ 動物ふしぎ大図鑑

特集 おもしろい形の骨なあに!?		80
水辺でくらす大きな口の動物は何!?	カバ	82
長い鼻をもつ陸上最大の動物何だ!?	ゾウ＜アジアゾウ＞	86
特集 骨格化石でわかる恐竜の特徴		90
後ろあしでとびはねる動物だれだ!?	カンガルー＜オグロワラビー＞	92
白黒のしましま模様の動物なあに!?	シマウマ＜グレビーシマウマ＞	96
特集 進化がわかる始祖鳥の骨		100
一番大きくて走るのが速い鳥は!?	ダチョウ	102
長い体をくねらせて歩く動物は何!?	コモドオオトカゲ	106
特集 ニワトリの手羽先でつくってみよう!		110

第3章　海の動物たち

陸でも水中でもすばやく動く動物は!?	アシカ＜カリフォルニアアシカ＞	114
大きくて魚みたいなほ乳類は何だ!?	クジラ＜シロナガスクジラ＞	118
特集 骨から見るハクジラの仲間		122
あおむけで海面に浮かぶ動物だれだ!?	ラッコ	124
大海原を泳ぐ、甲羅のある動物なあに!?	ウミガメ＜アカウミガメ＞	128
特集 骨の形と動物たちの泳ぎ方		132
風を上手に使って飛ぶ動物は何!?	アホウドリ＜コアホウドリ＞	134
冷たい海中を飛ぶように泳ぐ鳥は!?	ペンギン＜オウサマペンギン＞	138
特集 ようこそ!骨の水族館へ		142
大きな口の平たい魚だれだ!?	ヒラメ	144
やわらかい骨をもった魚は何だ!?	ネコザメ	148
特集 ふしぎな透明標本の世界		152
海底でつりをする魚はなあに!?	アンコウ＜キアンコウ＞	154
広い海をぷかぷかただよう魚は何だ!?	マンボウ	158
特集 マダイの骨を見てみよう!		162

● この本のつくりと使い方 ●

　この本では、ほ乳類から両生類、魚類までさまざまな脊椎動物を取り上げています。動物の骨の特色からその名前を当てる「Q&A」の構成となっていて、楽しく動物の生態を学ぶことができます。「Qページ」ではある動物の骨の特徴をさまざまな角度から紹介し、そのもち主の動物は何かを問いかけます。「Aページ」ではその答えである動物を示し、その生態や体のつくり、類似・関連した動物などを紹介します。そのほかに特集ページを設け、骨の形や機能から見た動物の体のつくりや生態を、テーマごとにわかりやすく解説しています。

Q ページ（骨格の紹介）

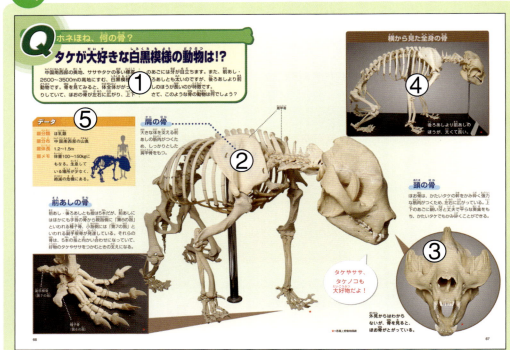

① 骨格の全体的なつくりや主な特徴を説明し、その骨格からどんな動物かを問いかける
② 全身の骨格を大きく掲載し、その動物の特徴的な部位の骨を紹介する
③ きわだって特徴的な骨はクローズアップで取り上げ詳しく解説
④ 異なる角度から見た骨格も掲載し、どんな動物なのかより連想しやすくする
⑤ その骨格をもつ動物の生息地やヒトの骨格（150cm）と比較した大きさなど主なデータを掲載

A ページ（生態の紹介）

① Qページでの問いかけに対する答えとなる動物名を大きく示し、さらにその動物の仲間や主な生態を説明。答えとなる動物名は一般的に呼ばれている総称を用い、〈 〉内に種名を表記する
② Qページで紹介した骨格と比較できるよう、同じ種の動物を大きく掲載。主な体のつくりや生態を解説する
③ 豊富な写真やイラストで、その動物の生態や特徴をより詳しく解説する
④ 大きく取り上げた種以外の仲間や、類似・関連した動物の生態を紹介
⑤ より特徴的なことがらをコラムとして紹介。また、欄外には関連する動物ミニ知識も掲載

※骨格標本や写真近くの●◆★などの印はその所蔵先を示しています。

ホネってなんだろう？ 骨と動物の進化

脊椎動物と無脊椎動物

地球には、いろいろな動物がいます。それらの動物は、背骨がある脊椎動物と背骨がない無脊椎動物に大きく分けられます。地球上に生命が生まれたのは約38億年前、はじめは細菌のような微生物でしたが、やがて無脊椎動物の仲間が現れました。脊椎動物は、約5億年前に無脊椎動物の一部が進化して生まれたと考えられています。この本では、ヒトと同じように背骨をもつ脊椎動物について取り上げます。

無脊椎動物の仲間

背骨をもたない無脊椎動物には、ミミズや昆虫、エビ、カニ、イカ、サンゴ、アメーバなどたくさんの仲間がいます。

脊椎動物の仲間と進化

約5億年前、地球上に最初の脊椎動物として魚類が現れました。やがて、その一部から陸上でもくらせる両生類が生まれ、さらに陸上生活に向いたは虫類やほ乳類などへと進化しました。こうして脊椎動物は、水中から陸上へと進出し、それぞれの環境に応じて、骨の形やつくりも変わってきました。

ホネってなんだろう？ ヒトの骨のつくりとはたらき

骨のはたらき

ヒトには、206個の骨があるといわれています。それらの骨は体を支え、脳や内臓を外側から守るという役割があります。また、歩いたり、腕を曲げたりという体を動かすはたらきもしています。

骨のつくり

骨の外側は、骨がすき間なくつまったかたい部分（緻密質）、内側はスポンジ状の穴のあいた部分（海綿質）でできていて、それらの中には骨を丈夫にするカルシウムが蓄えられています。また、大腿骨などの大きくて長い骨の海綿質の中央には空洞があり、そこには血液をつくる骨髄がつまっています。

大腿骨のつくり

骨の中には、毛細血管がはりめぐらされている。骨髄でつくられた血液は、毛細血管で骨の外にある血管まで運ばれるようになっている。

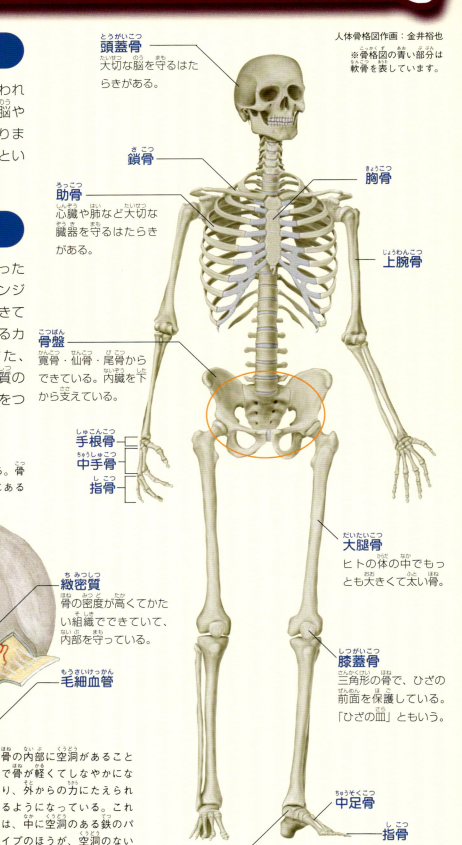

人体骨格図作画：金井裕也
※骨格図の青い部分は軟骨を表しています。

頭蓋骨　大切な脳を守るはたらきがある。

鎖骨

胸骨

肋骨　心臓や肺など大切な臓器を守るはたらきがある。

上腕骨

骨盤　寛骨・仙骨・尾骨からできている。内臓を下から支えている。

手根骨
中手骨
指骨

大腿骨　ヒトの体の中でもっとも大きくて太い骨。

膝蓋骨　三角形の骨で、ひざの前面を保護している。「ひざの皿」ともいう。

中足骨

指骨

距骨

海綿質　小さな穴がたくさんあいていて、骨全体を軽くしている。

緻密質　骨の密度が高くてかたい組織でできていて、内部を守っている。

毛細血管

骨髄　海綿質中央の空洞には骨髄がつまっていて、血液をつくるとともに、カルシウムを蓄える役割を果たしている。

骨の内部に空洞があることで骨が軽くてしなやかになり、外からの力にたえられるようになっている。これは、中に空洞のある鉄のパイプのほうが、空洞のない鉄棒より柔軟で折れにくいのと同じつくりである。

©Juna Kurihara

関節と動き

肩やひじ、ひざなど骨が2つ以上合わさった部分を関節といいます。骨と骨の間には軟骨（図中青い部分）があり、筋肉や腱でつながっているため、首や腕、足などを曲げたり、ひねったりすることができるのです。

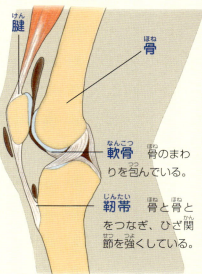

ひざ関節のつくり

- 腱
- 骨
- 軟骨　骨のまわりを包んでいる。
- 靭帯　骨と骨とをつなぎ、ひざ関節を強くしている。

©Juna Kurihara

肩甲骨（けんこうこつ）
板状の丈夫な骨。腕を動かす筋肉がつく。

橈骨（とうこつ）
ひじから下（前腕）の親指側の骨。尺骨を軸にして回転し、手首をひねることができる。

尺骨（しゃっこつ）
ひじから下の小指側の骨。手首をひねるときの軸になる。

寛骨（かんこつ）
骨盤の前と側面を形成する骨。腸骨・恥骨・座骨がくっついてできている。

脛骨（けいこつ）
ひざから足首までの太い骨で、体重の大部分を支える。

頸椎（けいつい） 7個

胸椎（きょうつい） 12個

腰椎（ようつい） 5個

仙骨（せんこつ） 5個の仙椎がくっついて1つになっている。

尾骨（びこつ） 3〜6個の尾椎がくっついて1つになっている。

脊柱（せきちゅう）（脊椎）
背骨ともいう。頸椎、胸椎、腰椎、仙骨、尾骨の26個の椎骨が連なってできている。体全体をまっすぐに支えたり、曲げたり、ひねったりするはたらきをしている。

腓骨（ひこつ）
裏側から脛骨を支える細い骨。この骨の下の外側をくるぶしという。

踵骨（しょうこつ）

骨と筋肉の関係

関節を曲げたりのばしたりできるのは、筋肉が、腱と呼ばれる細い筋で骨とくっついているからです。多くの筋肉は、一方がのびるともう一方は縮むというように、対になってはたらきます。ひじやひざを曲げのばしできるのも、下のようなしくみによるものです。

関節が曲がるとき
- 筋肉が縮む
- 筋肉がのびる
- 筋肉・腱

関節がのびるとき
- 筋肉がのびる
- 筋肉が縮む

作画：中尾雄吉

第1章 日本の動物たち

Q ホネほね、何の骨？

草原をはねるように走る動物なあに!?

野山にすむ動物の骨です。仲間がペットとして家庭や学校でよく飼われています。
骨全体を見ると、ほかの動物に比べて骨が薄く、軽くなっています。後ろあしはとても長くて大きく、前あしは細くなっています。また、背骨は胸の部分（胸椎）よりも、腰の部分（腰椎）のほうが大きくなっています。
さて、この骨はどんな動物のものでしょう？

岐阜県博物館蔵

頭の骨
幅がせまく、左右の側面に眼の入る穴がある。また、上あごは軽くするため、あみの目状になっている（矢印）。

耳の長さが目立つ動物だよ。

データ
- **分類** ほ乳類
- **分布** 日本の本州以南
- **体長** 45〜54cm
- **メモ** 時速70〜80kmで走ることができる。

前あしの骨
前あしの骨は細く、弓なりになっている。足首は前後にしか動かず、むだな動きをはぶいて速く走ることができる。指の骨は5本ある。

背骨

強いジャンプ力を生む発達した筋肉を支えるため、背骨の腰の部分の横突起が大きく張り出している。

横突起

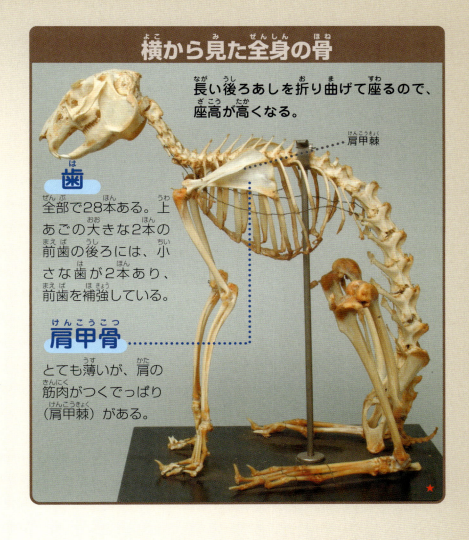

横から見た全身の骨

長い後ろあしを折り曲げて座るので、座高が高くなる。

肩甲棘

歯
全部で28本ある。上あごの大きな2本の前歯の後ろには、小さな歯が2本あり、前歯を補強している。

肩甲骨
とても薄いが、肩の筋肉がつくでっぱり（肩甲棘）がある。

後ろあしの骨

強く地面をけるために、かかとから先が特に大きく、指は4本になっている。すねは脛骨と腓骨が途中から一体化して1本の骨になっている。そのため、複雑な動きをはぶいて、とびはねるように速く走ることができる。

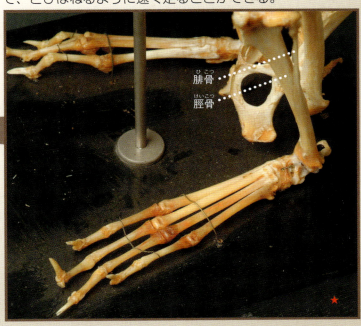

腓骨
脛骨

★＝神奈川県立生命の星・地球博物館蔵

A 体と生態のふしぎ

ウサギ〈ニホンノウサギ〉

　ウサギは世界に60種以上知られ、体が小さく耳が短い仲間と、体が大きく耳が長い仲間に分かれます。日本の野生のウサギには、耳の長いニホンノウサギとエゾユキウサギ、耳の短いエゾナキウサギとアマミノクロウサギがいます。
　前ページの骨は、ニホンノウサギのものです。後ろあしが大きく、野原などをとびはねて走るのに適した体をしています。

写真提供：広島市安佐動物公園

日本白色種（ジャパニーズホワイト） 日本でカイウサギから改良された品種。瞳の色素が少なく、血管の色が透けて見えるため眼が赤い。ウサギというと眼が赤いと思われがちだが、赤い眼はこの品種だけである。

眼
顔の真横についていて、ほぼ360度を見わたすことができる。

口
大きな前歯で草や木の葉などをかみとり、あごを前後左右に動かしながら奥歯ですりつぶして食べる。

体毛
雪がつもる場所にすむノウサギは、春と秋に毛が生え変わる。毛の色が、春から秋は地面に似た茶色に、冬の間は雪のような真っ白になり、まわりの景色と色が似るため、天敵に見つかりにくくなる。

進行方向
前あしの足あと
後ろあしの足あと

走ってキツネから逃げるノウサギ 前あしを前後にそろえて地面につき、大きな後ろあしでそれをまたぐようにはねて走るため、特徴的な足あと（左上）になる。また、大きな後ろあしの先は面積が広いため、「かんじき」のように雪の中にしずみにくい。

前あし
リスやネズミのように、ものをはさんでもつことはできない。

ふつう、ノウサギは巣をつくらず、寝るときもまわりのもの音に耳をすましている。

長い耳の役割

ウサギの長い耳は、音を聞くためだけのものではありません。ヒトの場合は皮ふにある汗腺という穴から汗を出して体温を調節しますが、ウサギの汗腺はあまり発達していません。そこで、ウサギは走って体温が上がったときなどに、その熱を血液で耳へと運び、耳を空気にさらすことで体温を下げるのです。長い耳は、効率よく体温調節するために大切な役割を果たしています。

耳

耳の長いウサギの仲間は、耳を自由に動かして、敵がいないかどうか、まわりの音をよく聞き取ることができる。

偵察ばね ノウサギの仲間は、ジャンプしたときに体をひねって、まわりを見わたすことがある。こうして、周囲に敵がいないか調べる。

尾

尾はとても短く、ない種類もいる。

ニホンノウサギ
神奈川県立生命の星・地球博物館蔵

後ろあし

長くて大きい。あしの裏にも毛が生えていて、走るときのクッションとなり、足音を消すはたらきもある。

イラスト：七宮事務所

耳の短いウサギ

耳の短いナキウサギの仲間は、あしも短く、ネズミのような姿をしています。寒い北の地方や高地にすみ、耳で体温の調節をする必要がないため、耳が短いのではないかと考えられています。一方、鹿児島県の奄美諸島にすむアマミノクロウサギは耳の長いウサギの仲間に分類されています。しかし、耳も足も短く、ウサギの先祖に近い姿をしていると考えられています。

アマミノクロウサギ
奄美大島と徳之島の原生林だけにすむ。全身が黒い体毛におおわれており、夜行性で植物の葉や実などを食べる。鳴き声で仲間同士がコミュニケーションすることもある。

写真提供：観光ネットワーク奄美

カイウサギはヨーロッパ原産のアナウサギを改良して家畜にしたものである。

Q ホネほね、何の骨？

暗闇を自在に飛ぶ動物何だ!?

家の屋根裏や洞穴などにすむ翼のある動物の骨です。夕方になるとえさを求めて外を飛び回ります。この動物の骨は、全体的に薄く、細くなっています。腕（前あし）は長くのび、第一指（親指）以外の指は特に細長くなっています。それに比べて下半身は貧弱で、腰や後ろあしの骨は小さくなっています。さて、この骨の動物は何でしょうか？

データ

- ■分類　ほ乳類
- ■分布　北海道北部を除く日本全国　アジア各地
- ■全長　4〜6cm
- ■メモ　体重は大人でも最大で11gほどしかない。

ヒトの手

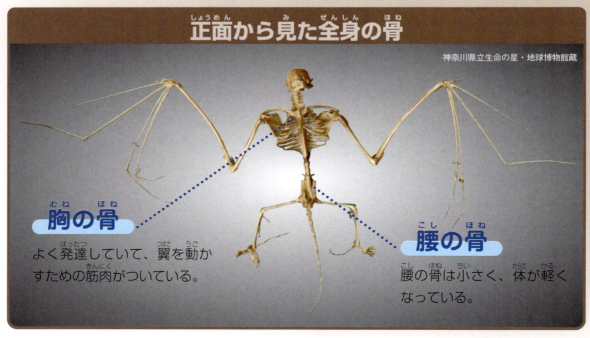

腕の骨
上腕骨に比べて前腕骨が細長くのびている。

はばたいて飛ぶけど、鳥じゃないよ。

正面から見た全身の骨
神奈川県立生命の星・地球博物館蔵

胸の骨
よく発達していて、翼を動かすための筋肉がついている。

腰の骨
腰の骨は小さく、体が軽くなっている。

あごの骨

頭は小さく口先が突き出ている。上下のあごには、鋭い牙とかみつぶす歯がある。

岐阜県博物館蔵

第一指（親指）

指の骨

第一指（親指）は小さく、かぎづめをもっている。そのほかの指は細長く、翼の膜を支える。

鎖骨

上腕骨

肩甲骨

肩の骨

翼を動かす筋肉がつくため、体のわりに鎖骨と肩甲骨は大きく丈夫になっている。

NPO東洋蝙蝠研究所蔵

後ろあしの骨

小さな5本の指がある。かかとの骨が突き出て、飛行中に大きな翼を風圧から支える。

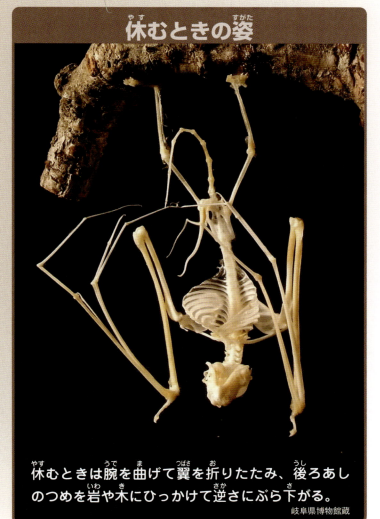

休むときの姿

休むときは腕を曲げて翼を折りたたみ、後ろあしのつめを岩や木にひっかけて逆さにぶら下がる。

岐阜県博物館蔵

A 体と生態のふしぎ

コウモリ ＜アブラコウモリ＞

コウモリの仲間は、おもに昆虫を食べる小型のものと、植物を食べる大型のオオコウモリの2つに分けられます。合わせて世界に1000種近くおり、日本では30種以上が知られています。前ページの骨は小型のコウモリの仲間のアブラコウモリのものです。夕方から夜にかけて、街の中でも翼をはばたかせて空を自由に飛び回り、小さな昆虫を食べます。

洞穴の天井にぶら下がるユビナガコウモリ　筋力の弱い後ろあしでは体を立たせることができないため、後ろあしのつめを岩にひっかけてぶら下がる。ユビナガコウモリはおもに洞穴にすむ小型のコウモリの仲間で、翼がとても長い。

翼（飛膜）

羽毛のある鳥の翼と違い、皮ふが変化した飛膜をはばたかせて空を飛ぶ。ほ乳類で自由に空を飛べるのはコウモリだけだ。

後ろあし

飛行にあった体のつくりになったため、筋肉はほとんどついていない。前あしの第一指（親指）と後ろあしではうように歩く。

イラスト：七宮事務所

超音波で位置を知るアブラコウモリ

アブラコウモリなど小型のコウモリは、暗闇の中でもえものをつかまえたり、ものをよけたりすることができる。これは口や鼻から超音波を出し、それがはね返ってくる音を聞いて、ものがある方向や距離を正確に知ることができるためだ。この方法を「エコーロケーション」という。オオコウモリの仲間には超音波を出さないものが多い。

コウモリには、尾のある種とない種がいて、それぞれ後ろあしの間の飛膜の形が違う。

眼
眼は小さく、視力はよくない。

耳
大きくてよく聞こえる。ヒトには聞こえない超音波を聞くことができる。

口
超音波を出すことができる。

アブラコウモリ

尾
後ろあしの間の皮膜を動かし、飛ぶ方向やスピードを変える。

コウモリの子育て

コウモリは岩や天井などにぶら下がって子どもを生みます。巣をもたないため、子どもは母親の胸や腹の上で育てられ、母親にしがみついたまま飛ぶこともあります。

子ども（矢印）に乳を飲ませるモモジロコウモリの親

キクガシラコウモリ
キクガシラコウモリの仲間は、鼻から超音波を出す。鼻のまわりにある鼻葉というひだを使って超音波の方向や広がりを調節すると考えられている。

★＝写真提供：NPO東洋蝙蝠研究所

オオコウモリの仲間

オオコウモリの仲間は、おもに一年中温かい熱帯地方にすんでおり、果実や花粉、花の蜜などを食べています。昼や早朝、夕方などまだ明るい時間に活動し、小型のコウモリよりも視力が発達した大きな眼をもっています。エコーロケーションをする仲間もいますが、多くは眼で見て食べ物を探します。

インドオオコウモリとバナナの花
インドやミャンマー、中国西部の森林地帯に生息する。全長は20～25cm、翼を広げると1.5m、体重も1.5kgほどになる。外見から英語では「空飛ぶキツネ」と呼ばれている。コウモリがバナナの花粉を運んで授粉することもある。

小型のコウモリの多くは昆虫を食べるが、そのほかに魚や肉、動物の血、花の蜜や花粉、果実を食べる仲間もいる。

特集 どんな動物のあし？
骨から見るあしのはたらき

動物のあしは、体を支えるほかにも、歩いたり走ったりするなど、さまざまな役割があります。えものをつかまえるために鋭いかぎづめをもつあしや、すばやく走るために単純なつくりになったあしなどがあります。ほかにも、あしを水かきとして使う動物もいます。あしは、それぞれの動物の体つきや、くらしに合った形をしています。

※ヒトの「ひざ」「足首」などに対応する部位をピンクの文字で示しています。

ジャンプするあし
ウサギやカエルといった動物の後ろあしは前あしよりも長く、かかとから指先が地面についている。広いあしの裏で地面をけってジャンプする。

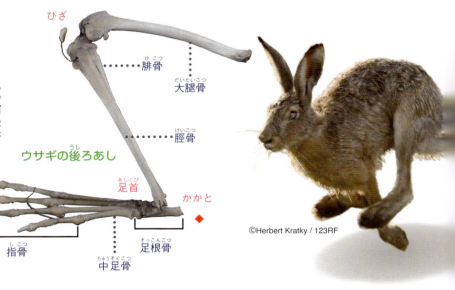

ウサギの後ろあし

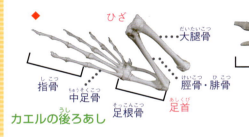

カエルの後ろあし

えものをとらえるあし
えものをとらえる典型的な動物であるトラは、鋭いかぎづめをもっている。指先だけを地面について、そっとえものに近づき、一気におそいかかる。

トラの後ろあし

泳ぐためのあし
骨が全体的に平たく、横に広がっている。骨と骨の間は軟骨でつながってひれのようになり、水中を泳ぐのに向いたつくりになっている。

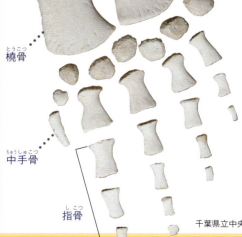

マッコウクジラの前あし（胸びれ）

千葉県立中央博物館蔵

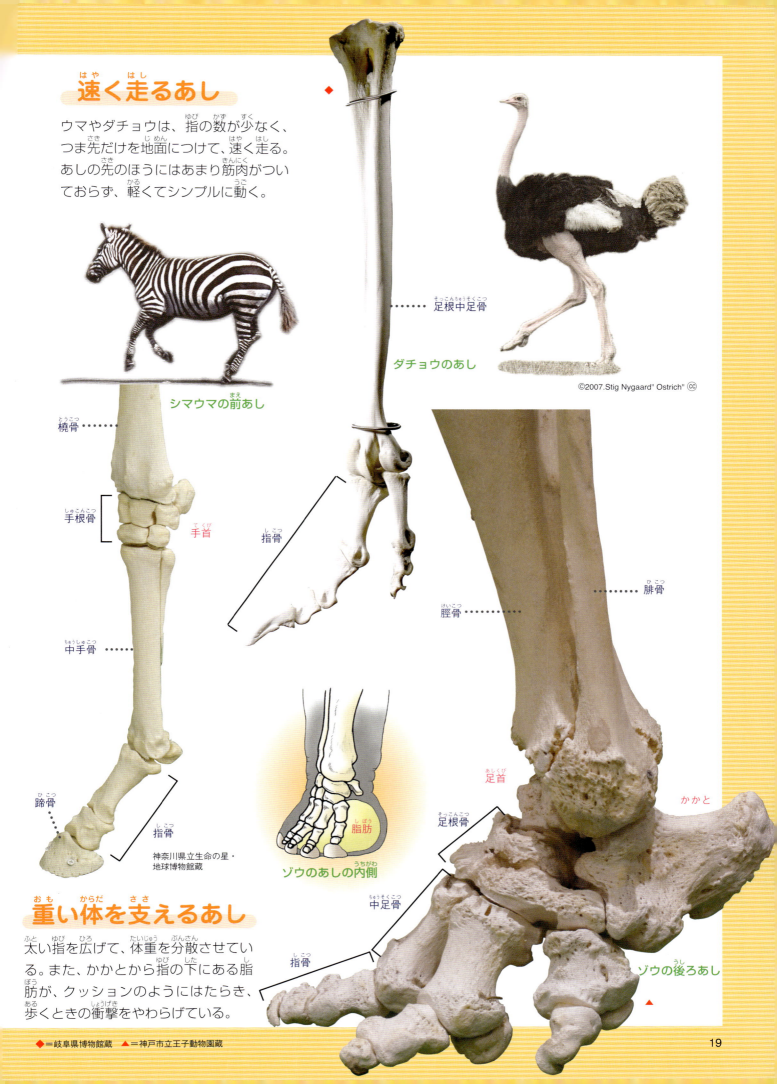

速く走るあし

ウマやダチョウは、指の数が少なく、つま先だけを地面につけて、速く走る。あしの先のほうにはあまり筋肉がついておらず、軽くてシンプルに動く。

重い体を支えるあし

太い指を広げて、体重を分散させている。また、かかとから指の下にある脂肪が、クッションのようにはたらき、歩くときの衝撃をやわらげている。

◆=岐阜県博物館蔵　▲=神戸市立王子動物園蔵

ホネほね、何の骨？

枝分かれした大きな角の動物は何!?

日本各地の森林や草原で見られます。おすの全体の骨格を見ると、枝分かれした大きな角が目を引きます。細くて長い前後のあしの骨は、ヒトの手足の甲にあたる部分の骨（中手骨・中足骨）が棒のように長く、指先だけで立つようなつくりになっています。そのため、より少ない動きで速く走ることができます。さて、この骨のもち主はだれでしょうか？

データ

- **分類** ほ乳類
- **分布** 日本各地・東アジア
- **体高** 70〜130cm
- **メモ** 奈良県の奈良公園と春日山の原生林でくらすものは、国の天然記念物に指定されている。

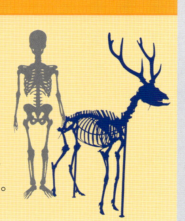

背骨

背骨は比較的短い。あまり自由に動かないが、その分、むだな力を使わなくてすむ。

前あし・後ろあしの骨

前あし、後ろあしとも、すねの骨や中手骨・中足骨は棒状になっている。あしは前後にだけ動き、余分なエネルギーを使わずに強く地面をけって走れる。

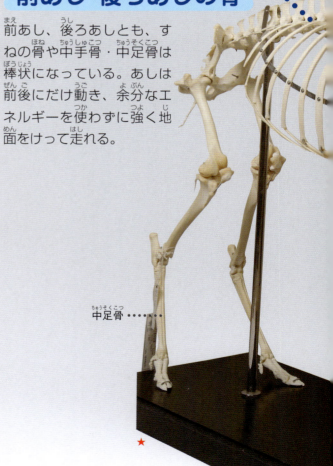

中足骨

横から見た全身の骨

体に対して角が非常に大きい。また、ヒトの手首にあたる手根骨と、足首にあたる足根骨が、高い位置にある。

腰の骨

後ろあしの骨としっかりつながるように、深いくぼみが目立つ。

足根骨（足首にあたる）　手根骨（手首にあたる）

角
頭の骨の一部が変化したもので、おすにだけ生える。枝分かれする数で年齢を推定することができる。

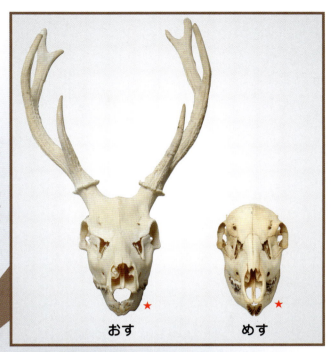

おす　めす

頭の骨
おすの頭には角があるが、めすにはない。眼の入る穴は顔の側面にあいている。鼻先が細くでっぱり、前歯は下あごにだけある。上下のあごに大きめの奥歯が並ぶ。

大きな角は毎年生え変わるんだ。

★＝神奈川県立生命の星・地球博物館蔵

肩の骨
前あしの骨は、肩の骨（肩甲骨）だけでつながり、ヒトのような鎖骨はない。

中手骨

後ろから見た前あしの骨

前あし、後ろあしとも指は4本だが、第二指（人さし指）と第五指（小指）は小さくなり、地面には第三指（中指）と第四指（薬指）だけしかつかない。着地する面積が小さいので速く走ることができる。

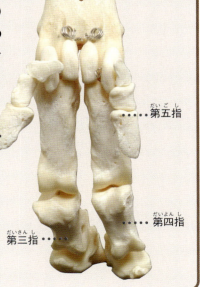

第五指
第二指
第四指
第三指

指の骨
第二指と第五指は、泥の中や雪の上を走るときにストッパーとして役立つ。

体と生態のふしぎ

シカ ＜ニホンジカ＞

ニホンジカの仲間は、東アジア各地で見られます。日本にすむものは、北海道のエゾシカや本州のホンシュウジカなどの7つに分けられ、ふつう北から南に移るにつれて体が小さくなります。角は、めすの気をひくときや、おす同士の争いなどに使います。開けた場所でくらすため、敵に見つかったときに、遠くまで速く走り続けるのに適した体つきをしています。

写真提供：ひがし北海道観光事業開発協議会

エゾシカの親子
体の白い斑点は木もれ日に、茶色は土の色にまぎれる保護色になり、森の中で身をかくすのに都合がよい。木の葉の落ちる冬には、斑点がなくなる。

体毛
春と秋の2回生え変わる。夏毛は明るい茶色に白い斑点、冬毛はおすが濃い茶色、めすは灰色がかった茶色になる。

尾
短くて、ふだんは下げている。

尻を見せて逃げるニホンジカ
危険がせまると、尾の下にかくれた白い毛を逆立てて広げ、逃げる。まわりの仲間に危険を知らせる目印と考えられている。

腹
胃は4つの室に分かれている。えさとなる木の葉や草にはかたい繊維質が多いので、胃から口へ何度ももどしてかみなおし、消化する。

ニホンジカ

イラスト：七宮事務所

1年で生え変わるシカの角

おすのシカの角は1年ごとに生え変わります。4月ごろ皮ふ（外皮）をかぶった袋角が生えて、夏まで大きくなり、秋になると外皮がはがれます。子どもをつくる繁殖期がすぎ、3月ごろになると角は自然に落ちます。

春 → 夏 → 秋 → 冬

袋角はやわらかく血も流れている。

ニホンジカの夏毛のような白い斑点模様を「鹿の子」模様という。

角

ふつう満1歳のときは1本角で、生え変わるごとに枝の数が1本ずつ増えていく。満4歳ごろまでに、写真にあるような三又の大きな完成した角となることが多い。

けんかするエゾシカのおす ふだんは、おすとめすで別々の群れをつくってくらす。しかし、秋の繁殖期になると、めすをめぐっておす同士が角を突き合わせたり、後ろあしで立って前あしで戦ったりする。角が大きく強いおすほど、多くのめすとつがい（夫婦）になることができる。

口

上あごの内側のかたい部分と下あごの前歯で植物をかみとり、奥歯ですりつぶしながら食べる。

前あし・後ろあし

あしの先は、筋肉が少なく軽くなっている。これを、あしの付け根の発達した筋肉で動かす。そのため、速く走ることができる。

シカの仲間

世界には35種以上のシカの仲間が知られ、北半球を中心に広く分布し、すべての種が植物をえさとしています。角がない小型のものもいますが、ほとんどは、おすだけが1年に1回生え変わる角をもっています。大型のものほど角も大きく複雑な形になります。

トナカイ 北極圏周辺にすみ、季節の変化に応じてえさとなるコケなどを探して大移動する。ときに数万頭という大集団になることがある。シカの仲間で唯一めすにも角が生える。おすの角は冬に落ちるが、めすの角は春に落ちる。

写真提供：八丈町産業観光課

ひづめ

前後のあしの指にはかたいひづめがあり、より速く走るのに適している。

キョン 中国南部や台湾にすむ小型のシカ。もともと日本にはいなかったが、飼われていたものが一部で野生化している。おすは小さな角と牙をもち、シカの祖先に近い姿を残していると考えられている。

日本のニホンジカは、エゾシカ、ホンシュウジカ、キュウシュウジカ、マゲシカ、ヤクシカ、ツシマジカ、ケラマジカの7つに分けられている。

ホネほね、何の骨？

手足を広げて滑空する動物だれだ!?

木と木の間を滑空する動物の骨です。ふつう山地の森林でくらし、木の空洞に巣をつくりますが、家の屋根につくることもあります。骨は全体的に細く、前あしと後ろあしは左右に大きく広がります。前あしには細い骨（針状軟骨）が突き出ていて、この動物の骨の大きな特徴となっています。

この骨は、どういう動物のものでしょう？

前あしの骨

細長い4本の指がある。ヒトの手首にあたる部分の外側に、針状軟骨と呼ばれる突起がある。この針状軟骨を動かすことで、滑空に使う膜の大きさを変えられる。

針状軟骨

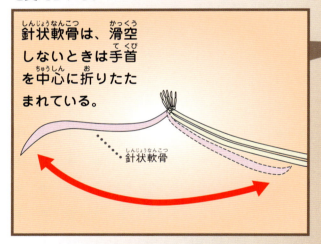

針状軟骨は、滑空しないときは手首を中心に折りたたまれている。

針状軟骨

頭の骨

鼻の部分の穴が大きく、眼の部分の穴にはひさしのような骨（矢印）が張り出している。また前歯の前面だけがだいだい色になる。

徳島県立博物館蔵

データ

- ■ 分類　ほ乳類
- ■ 分布　北海道と沖縄を除く日本各地
- ■ 体長　27〜50cm
- ■ メモ　手足を広げると約60cm四方になり「空飛ぶざぶとん」といわれる。

後ろあしの骨
細くて長い。後ろあしの指は5本ある。

大きな膜を広げて
ハンググライダー
みたいに飛ぶよ。

岐阜県博物館蔵

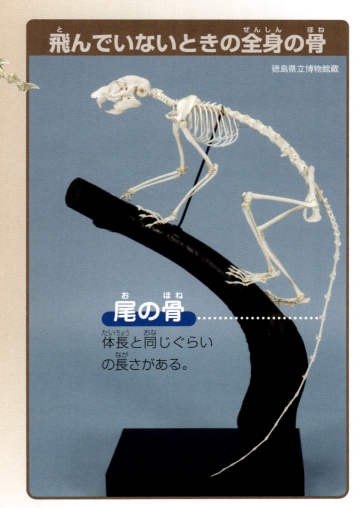

飛んでいないときの全身の骨
徳島県立博物館蔵

尾の骨
体長と同じぐらいの長さがある。

A 体と生態のふしぎ

ムササビ

前ページの骨はムササビのものです。日本にすむムササビは、その姿からホオジロムササビともいわれます。ムササビはリスの仲間ですが、リスと違って、夜行性です。夜になると巣から出て飛膜を広げ、木から木へと滑空して移動し、木の実や葉、昆虫などをとって食べます。木の上でくらすことが多く、地面を歩くことはほとんどありません。

ムササビの生活
樹上生活がほとんどで、地面を歩くことはあまりない。夜行性のため、昼間は木のうろの中や、木の上につくった巣の中ですごす。

写真提供：富山市ファミリーパーク

後ろあし
後ろあしの裏には肉球があるが、その半分は毛でおおわれている。

飛膜
わき腹の皮ふが広がったもの。木と木の間を飛膜を広げてハンググライダーのように滑空して移動する。前あしと後ろあしの間のほか、首と前あしの間や、後ろあしから尾の間も飛膜でつながっている。

ムササビとモモンガの違い

ムササビとモモンガは同じリスの仲間で、どちらも飛膜を使って滑空します。ムササビと違って、モモンガの飛膜は前あしと後ろあしの間だけで、後ろあしと尾の間にはありません。体長はムササビより小さく、15～20cmほどです。

写真提供：札幌市円山動物園

エゾモモンガ　モモンガは滑空時の姿から「空飛ぶハンカチ」ともいわれる。

口
リスなどと同じように、木の実や葉などを食べる。前歯は一生のび続けるため、のびすぎないようにかたいものをかじってすり減らしている。

眼
月明かりや星明かりの中でも、まわりをよく見ることができる。ヒトより光を強く感じることができ、夜間視力が高いと考えられている。

ムササビの繁殖期は、11月中旬～1月下旬と5月中旬～6月中旬の年に2回ある。

みごとな滑空 木から木へと飛びうつるとき、秒速10mほどで滑空する。目標の木に近づくと、体を垂直に立て、飛膜で空気を受けて速度を落として木につかまる。

イラスト：七宮事務所

尾
やわらかい毛でおおわれている。滑空しているときに、体のバランスをとったり、安定させたりする役割がある。

ムササビ
鳥取県立博物館蔵

前あし
前あしの裏には湿った肉球があり、木の上ですべり止めになっていると考えられている。

滑空する動物たち

ムササビやモモンガのほかにも、体の飛膜を広げて木から木へと滑空して移動する動物がいます。例えば、オーストラリアなどにすむフクロモモンガと、東南アジアにすむヒヨケザルです。どちらもムササビと同じく夜行性で、おもに植物を食べています。

フクロモモンガ 体長14～18cm。「モモンガ」の名がついているが、大きく分けるとコアラやカンガルーなどの仲間で、腹に子どもを育てるための袋をもつ。前あしと後ろあしの間に飛膜をもつが、針状軟骨はない。

© kalantzo/123RF

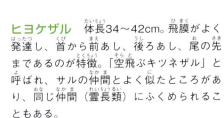

ヒヨケザル 体長34～42cm。飛膜がよく発達し、首から前あし、後ろあし、尾の先まであるのが特徴。「空飛ぶキツネザル」と呼ばれ、サルの仲間とよく似たところがあり、同じ仲間（霊長類）にふくめられることもある。

⚠ 滑空する距離は、飛び立つところの高さによって変わり、100m以上飛ぶことも確認されている。

特集 おもしろい角がいっぱい！
動物の角の種類と形

動物の中には、さまざまな形や長さの角をもつものがいます。例えば、ニホンジカのように毎年生え変わって枝分かれする角もあれば、ウシの仲間のように一生のび続ける先のとがった角もあります。角は天敵から身を守り、めすを奪い合う際の武器として使われます。また、めすをひきつけるおすの強さを示すシンボルとしての役割を果たしています。

ガウル

インドや東南アジアなどの山地にすむウシ科の動物。おす・めすとも大きく曲がった角をもち、つめのような角質でできたさや（角鞘）に包まれている。

写真提供：横浜市立金沢動物園

ガウルの頭の骨
角鞘がない状態のもの。三日月型の角は、右のはしから左のはしまでで80cmにもなる。

ニホンカモシカ

日本の本州から九州までの山地にすむウシ科ヤギ亜科の動物。おす・めすとも角があり、さやに包まれた先のとがった角は、一生のび続ける。

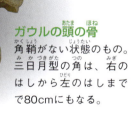

角鞘

ニホンカモシカの頭の骨
黒っぽい角鞘は歳を重ねるごとに成長し、根元のほうに木の年輪のような模様（角輪）ができる。角鞘を外すと、頭の骨からのびた角が現れる（写真右）。

角の種類とその特徴

枝角	シカ科	おもにおすのみに生え、生え変わる度に枝分かれが増える。
洞角	ウシ科（ヤギ亜科）	おす・めすに生え、一生のび続ける。黒色の角鞘におおわれている。
骨角	キリン科	おす・めすに生える。皮ふにおおわれていて、ある程度で成長が止まる。
表皮角	サイ科	骨ではなく、髪の毛やつめと同じ角質という成分が固まったもの。

角鞘

シフゾウの角

シフゾウ

中国にすむシカ科の動物。野性種は一時絶滅したが、飼育種の繁殖に成功し中国では保護区を設けている。角はおすだけにあり、毎年生え変わって枝分かれし、大きくなる。

キリン

アフリカ中部・東部・南部の草原にすむ。おす・めすとも角をもつ。角は頭の骨がのびたもので、皮ふでおおわれている。頭の上2本のほか、小さな角がひたいに1本、耳の後ろに2本ある。

キリンの頭の骨

シロオリックスの頭の骨

シロオリックス

北アフリカの砂漠にすむウシ科の動物。おす・めすとも、角鞘に包まれた洞角をもつ。弓なりに反りかえる角は平均1〜1.3mに達し、陸上ほ乳類の中でも最大級。

毛が変化してできた角

写真提供：横浜市立金沢動物園

サイの顔には立派な角がありますが、この角にはウシの仲間の角のような芯がありません。実はサイの角は毛や皮ふが固まったもので、人間でいえば髪の毛やつめと同じ成分からできています。そのため、人間の髪の毛やつめと同じようにのび続け、折れたとしても何度でも生えてきます。また、化石となって残ることもほとんどありません。

インドサイ インド北東部からネパールにかけての湿原にすむ。顔の前面に1本の角があり、「イッカクサイ」とも呼ばれている。

インドサイの頭の骨

★＝神奈川県立生命の星・地球博物館蔵　▲＝神戸市立王子動物園蔵

ホネほね、何の骨？

シャベルのような前あしの動物は何!?

地下に長くて複雑なトンネルを掘り、そこをすみかとする動物です。骨を見ると、先のとがった細長い頭に鋭い歯をもち、首が短くて体全体ががっしりとしています。後ろあしに比べて前あしが大きくなっています。シャベルのような形の前あしには長いつめがあり、土を掘り進むのに適した形をしています。
さて、こんな骨をもつ動物は何でしょうか？

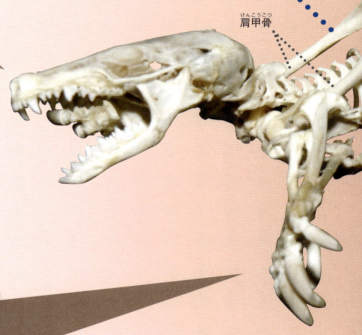

肩の骨
細長い肩甲骨に、太く短い前あしの骨がつながる。

肩甲骨

頭の骨
先のとがった形をしていて、眼の入る穴はとても小さい。上下のあごに鋭い歯をもち、歯のすり減った程度でおよその年齢がわかる。

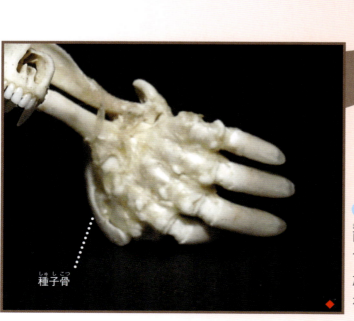

種子骨

前あしの骨
前あしはシャベルのように丸くなっていて、指先に長いつめがある。指の数は5本だが、親指の外に種子骨があり、掘った土をこぼれにくくする役割を果たしている。

データ

- ■**分類** ほ乳類
- ■**分布** 日本中部以西・東アジア各地
- ■**体長** 13～18cm
- ■**メモ** 一生のほとんどを地中でくらす。大食いで、1日に自分の体重の3分の2ほどもえさを食べる。

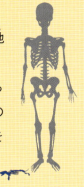

腰の骨
トンネルの中を動き回りやすいように、骨盤は縦に細長く、胴全体が長い円筒形をしている。

尾の骨
地中を動き回るのにじゃまにならないように、細くて短くなっている。

後ろあしの骨
前あしに比べると小さいが、指は5本ある。

> ミミズや虫が大好物なんだ。

前から見た上半身の骨

土を掘って、地中を進むため、上半身が発達している。胸の骨も前面にせりだしている。

胸の骨

◆＝和歌山県立自然博物館蔵

A 体と生態のふしぎ

モグラ〈コウベモグラ〉

モグラの多くは、一生のほとんどを地中でくらします。世界中で約30種類、日本では7種類が知られています。地下のトンネルでくらすため視力は弱いのですが、かぐ力が強く、においで地中のミミズやムカデなどを見つけ出し、鋭い歯でかみついて食べます。前ページの骨は、日本の中部地方から西にすむコウベモグラのものです。

モグラ塚 トンネルをつくるために掘った土を地上に捨てるので、地上に土の山「塚」ができる。

写真提供：島根県立三瓶自然館

眼
一生を地中ですごすため、眼は皮ふでおおわれ、とても小さい。明るさやものの動く方向は感じることができる。

鼻
かぐ力にすぐれ、においでえさを見つける。また、鼻先の「アイマー器官」と呼ばれる敏感な感覚器官で、ミミズなどのわずかな動きや振動でも感じ取ることができる。

耳
聴覚は鋭い。耳の穴はあるが耳たぶはなく、毛でうまっているため、外見からはわからない。

口
鋭い歯でミミズにかみつき、前あしで泥をしぼり出しながらミミズを食べる。殻のかたい昆虫なども食べるので、歯がすり減る。

前あし
外側を向いたシャベルのような前あしで、土をかき出してトンネルを掘り進める。

穴を掘るモグラ 湿ったやわらかい土が好きで、ほとんどが地表近くに穴を掘る。地中のミミズや穴に落ちてきたミミズをつかまえる。子どもをつくる時期のほかは、1つの穴に1頭だけがすむ。

イラスト：七宮事務所

ヨーロッパモグラは、約4時間活動して約4時間眠るという、およそ8時間ごとの生活を1日3回行っている。

コウベモグラとアズマモグラ

日本にはコウベモグラのほか、アズマモグラ、ミズラモグラ、センカクモグラ、サドモグラ、ヒミズ、ヒメヒミズの7種のモグラがいます。中でも本州の中部地方から東にすむアズマモグラと、西にすむコウベモグラが代表的です。アズマモグラのほうが先に日本列島にすんでいましたが、後になって大陸からやってきた大柄なコウベモグラにおされ、すむ場所を失っていきました。

アズマモグラ 体長13〜15cm。山地にすむ小型のものはコモグラとも呼ばれる。

日本のモグラの分布
- アズマモグラ
- コウベモグラ
- サドモグラ

尾
短い尾には毛が生えている。それをトンネルの天井に触れて、確かめながら動き回る。

後ろあし
細くて小さいが、とがったつめをもち、掘った土を後ろへ送ったり、後ずさりしないようすべり止めの役割を果たしたりする。

コウベモグラ

和歌山県立自然博物館蔵

体毛
短い毛が皮ふから垂直に生えているため、地中で前後どちらに進んでもトンネルの壁に毛があまりひっかからない。また、触覚が鋭く、いつも体をトンネルの周囲にあてながら移動する。

モグラの仲間

モグラの仲間と共通の祖先をもつ生きものには、トガリネズミやハリネズミの仲間などがいます。モグラの多くは地下でくらしますが、ヒミズのように地表近くの腐葉土に掘ったみぞでくらすものもいます。また、トガリネズミは地上で生活します。

ヒミズ 体長8〜9cm。コウベモグラやアズマモグラより体が小さく、尾が長い。

写真提供：札幌市円山動物園
トウキョウトガリネズミ 体長4〜5cm、世界最小のほ乳類の1つと考えられている。

デスマンという外国のモグラの仲間は、おもに湖や川などにすみ、水中の昆虫や貝、カエルなどをえさにする。

Q ホネほね、何の骨？

夜空にはばたくハンターはだれだ!?

森の中でくらす丸顔の動物です。昼間は高い木の枝などで休んでいますが、夜になるとネズミなどをおそって食べます。骨を見ると、頭の大きさのわりに眼の入るくぼみが大きく、かぎ型の鋭いくちばしをもっています。また、あしの指にも長いかぎづめがあり、これでえものをしっかりつかまえます。

さて、このような骨の動物は何でしょう？

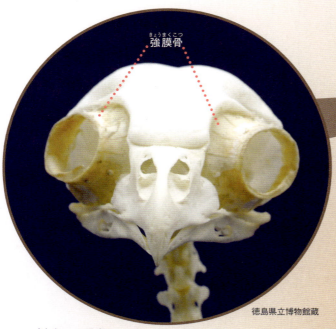

強膜骨

徳島県立博物館蔵

頭の骨

眼を守る強膜骨が、筒のように飛び出している。眼の入る穴が、顔の正面に並んでいるので、えものとの距離がよくわかる。

くちばし

かぎ型に曲がったくちばしの付け根にも関節があり、細かく動かすことができる。鋭いくちばしでとらえたえものの肉を切りさいて食べる。

胸の骨

大きな板状で、中央に高いでっぱり（竜骨突起）がある。ここに飛ぶ力を生みだす大きな胸の筋肉がつく。

竜骨突起

我孫子市鳥の博物館蔵

データ

- **分類** 鳥類
- **分布** 北海道・本州・四国・九州　ユーラシア大陸北部
- **全長** 50cm
- **メモ** 鳴き声は「ゴロスケ、ホーホー」などと聞こえる。

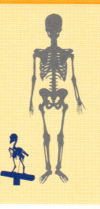

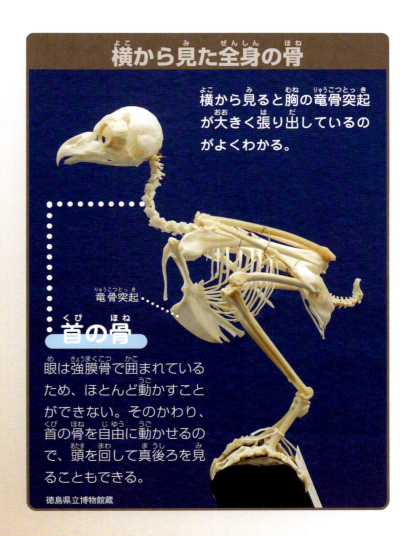

横から見た全身の骨

横から見ると胸の竜骨突起が大きく張り出しているのがよくわかる。

竜骨突起

首の骨

眼は強膜骨で囲まれているため、ほとんど動かすことができない。そのかわり、首の骨を自由に動かせるので、頭を回して真後ろを見ることもできる。

徳島県立博物館蔵

ネズミや小鳥など小動物が大好物だよ。

翼の骨

太くて大きな上腕骨、その先の橈骨と尺骨、さらに先端につく3本の指の骨からなる。上腕骨は、胸の骨からのびる大きな筋肉とつながり、これを動かして翼をはばたかせる。

- 上腕骨
- 橈骨
- 尺骨
- 指の骨

あしの骨

4本の指があり、地面などの平らな場所では3本が前を向き、1本が後ろを向く。えものをとらえるときや、木の枝に止まるときは、指を前後2本ずつにしてしっかりつかむ。

千葉県立中央博物館蔵

A 体と生態のふしぎ

フクロウ

フクロウの仲間は、南極を除く全世界の森や草原にすみ、200種以上が見つかっています。多くは夜行性で、大きな眼と、よく聞き取れる耳で暗い中でもえものを探し出し、音もたてずに飛んで鋭いかぎづめでとらえます。前ページの骨は「フクロウ」という名のフクロウのものです。日本で見られる約10種の中でも、渡りをしないため1年中見られます。

首を回すアフリカオオコノハズク えものがたてる音を両耳で聞き、聞こえる音の大きさの違いなどから、えもの方向や距離をはっきり感じ取る。音が出ているところを探るため、顔の向きを変える。

眼
正面に大きな眼が並んでおり、距離もよくわかる。また光を感じる部分が大きく、月明かりや星明かりだけのうす暗い中でもよく見える。

くちばし
小さく見えるが、深く切れこんでおり、口を大きく開けることができる。

フクロウのペリット

フクロウはかみ砕くことができないため、えものを丸のみにします。毛や骨など消化できないものは、次の食事の前に胃の中でボール状にまとめてはき出します。この消化できなかったものの固まりをペリットといいます。ペリットを調べることで、ふだん何を食べているかがわかります。

シロフクロウのペリット
写真提供：よこはま動物園ズーラシア

夜行性のフクロウでも、えさが足りないときは、昼にえものをつかまえることがある。

イラスト：七宮事務所

えものをとらえるフクロウ 翼の羽の表面には細かくやわらかい毛が生えていて、はばたいても音がしないようになっている。そのため、えものに気づかれずに近づくことができる。

耳
眼の後ろ側にあるが、羽毛にかくれて外からは見えない。左右の耳は上下だけでなく、奥行きもずれてついているため、さまざまな方向のえものの音を聞き分けられる。

顔
顔は平らで、耳や眼に音や光を集めるパラボラアンテナの役割をしている。

フクロウ

トラフズク フクロウの仲間のうち、頭の上の羽角と呼ばれる羽が耳のように見えるものを、ふつうミミズク（〜ズク）と呼んでいる。しかし、生物学上の分類ではフクロウとミミズクとのはっきりした区別はない。

ほかの動物を食べる鳥たち

フクロウのように鋭いくちばしやつめで、ほかの動物をつかまえて食べる鳥の仲間を猛きん類と呼んでいます。猛きん類には、ワシやタカ、ハヤブサなどがいます。これらはフクロウと違って昼間に活動し、上空を飛んでえものを見つけると、急降下して鋭いあしのつめでつかまえます。

あし
4本の指でえものをしっかりつかむ。つめをえものにくいこませて殺してしまうほどの力がある。

©2007. Stefan Willoughby. "Gyr Falcon in action" ⓒⓒ

ハヤブサ 猛きん類の中でもっとも速く飛ぶ。急降下する場合は時速200kmをこえるといわれる。

オジロワシ 全長80〜100cmにもなる大型のワシ。冬にシベリアなどから北海道に渡ってくることがある。

⚠ 飛んでいる虫をあまり聴覚に頼らずにとらえるアオバズクなどは、顔がそれほど平らではない。

特集 鳥の骨には秘密がいっぱい！
骨から見る鳥の特性

　鳥の種類は1万種近くにおよぶといわれています。それらは、世界各地のさまざまな環境に合わせた体つきをしています。鳥だからといって必ずしも飛ぶとはかぎりません。なかにはダチョウやエミューのように飛ばずに走ることの得意な鳥もいれば、ペンギンのように水中を泳ぐ鳥もいます。骨を観察すると、さまざまな鳥の特性がわかります。

鳥の基本的な骨格

ニワトリの全身骨格
ニワトリは飛ぶことが苦手な鳥ですが、骨格を見ると、ほ乳類とはまったく異なるつくりをしていることがわかります。

- **くちばし**：歯はない。
- **首の骨**：ほ乳類と異なり、種類によって頸椎の数が違う。
- **翼の骨**：ヒトでいう腕にあたる。指は3本。
- **胸の骨**：飛ぶ鳥では特に発達していて、中央に「竜骨突起」というでっぱりがある種類が多い。
- **あしの指の骨**：4本指が基本だが、種類によって違う。

和歌山県立自然博物館蔵

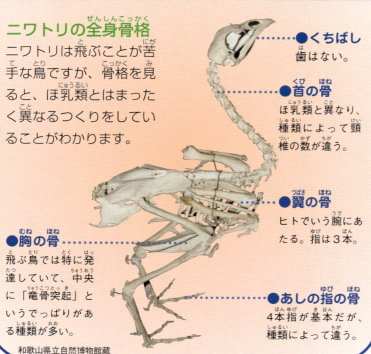

カグー
ニューカレドニアの森林にすむ。あしが長く、おもに地上でくらす。体に対して翼は小さくないが、ほとんど飛ぶことはない。敵をおどかすときなどに翼を広げる。その際、しま模様が現れる。

写真提供：横浜市立野毛山動物園

エミュー
ダチョウの次に背の高い鳥で、オーストラリア全域の草原や砂地にすむ。体に対して翼の骨はとても小さく、羽毛でおおわれていることもあって、外からはほとんど目立たない。飛ぶことよりも、走ることに体が変化した鳥といえる。

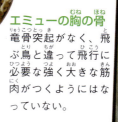

エミューの胸の骨
竜骨突起がなく、飛ぶ鳥と違って飛行に必要な強く大きな筋肉がつくようにはなっていない。

コアホウドリ

北太平洋にすむアホウドリの仲間。広げると2m以上になる翼に風を受けて、ほとんどはばたかずに空を飛ぶことができる。

オオワシ

アジア東北部にすむ大型の猛きん類。大きなあしのかぎづめでえものをとらえ、鋭いくちばしで切りさいて食べる。飛ぶ力が強く、胸の骨が発達している。

オオワシのかぎづめ

ヨーロッパフラミンゴ

地中海沿岸や西アジアなどにすむオオフラミンゴの仲間。首とあしが長く、「く」の字型に曲がったくちばしを水面につけ、水中の動物や植物をこしとって食べる。干潟や塩湖などの水辺で、数千羽から百万羽の群れをつくって生活する。

キエリボウシインコ

中南米にすむインコの仲間。あしの指が2本ずつ前後に向き、枝をしっかりつかんだり、木をよじ登ったりできる。また、木の実や果実をつかみ、大きくがんじょうなくちばしでこじあけて食べる。

鳥が飛べる理由は骨にあり!?

鳥が空を飛ぶには、体を押し上げる力（揚力）と前に進む力（推力）が必要です。鳥は翼をはばたかせて、この2つの力を生み出しているのです。

鳥の翼の先端には「初列風切」という大きい羽、その手前にはそれより小さな「次列風切」という羽が並んでいます。翼を打ち下ろすと、「初列風切」がねじれて空気を後ろへ送ることで推力を生み出します。また、「次列風切」は雨おおい羽という厚い羽でおおわれ、断面が飛行機の翼のようにかまぼこ型になっています。推力で鳥が前へ進むと、かまぼこ型の翼の上を空気が速く流れることで翼に揚力が生まれるのです。

鳥の多くは胸の筋肉がよく発達し、翼を速くはばたかせることができます。また、骨の内部は中空になっていてとても軽く、あみ目状の筋交いで補強されています。さらに、翼の骨は竹のようにしなやかで、はばたくときのねじれに対応できるようになっています。こうした軽くて強い骨があるからこそ、鳥は飛ぶことができるのです。

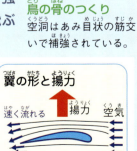
鳥の骨のつくり
空洞はあみ目状の筋交いで補強されている。

▲＝神戸市立王子動物園　●＝我孫子市鳥の博物館蔵　★＝神奈川県立生命の星・地球博物館蔵

Q ホネほね、何の骨？

池に浮く、平らなくちばしの動物は!?

川や池、湖、海などの水辺で見られる動物です。骨全体を見ると、まず幅が広くて平らなくちばしが、よく目立ちます。S字型に曲がった首は、えさをとるときや空を飛び回るときなどにのばして使います。大きな胸の骨には翼を動かす筋肉が、太くて短いももの骨（大腿骨）には水をかくための筋肉がつきます。さて、この骨のもち主はだれでしょう？

データ

- ■分類　鳥類
- ■分布　日本各地　アジア東部～南部
- ■全長　60cm
- ■メモ　本州より南では、1年を通して見られるが、北海道では、夏に南へ移動することもある。

頭の骨
広く平べったいくちばしがついており、水をかきまわしたり、水面をすくったりして水をこしながらえさをとる。歯がないため、えさは飲みこんで食べる。

首の骨
体のわりに首の骨が長い。ほ乳類に比べて骨（椎骨）の数が多く、自由に動かせる。

竜骨突起……

胸の骨
翼を動かす大きな筋肉がつくため、胸の骨は大きく、中央に竜骨突起が大きく縦に突き出ている。

上から見た全身の骨

背骨・腰の骨
胸から腰までの背骨は1本の骨のようになっており、腰の骨（骨盤）ともくっついている。そのため、あまり自由に動かせない。水を強くかく筋肉を支えるため、骨盤は幅がせまく、前後に長い。

骨盤

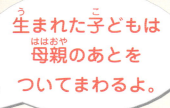

生まれた子どもは母親のあとをついてまわるよ。

翼の骨
体の大きさに対してあまり大きくなく、直線的な骨をしている。

大腿骨

尾の骨
尾の骨の先に飛行に必要な尾羽がつく。

あしの骨
ももの骨（大腿骨）は太くて短く、水をけって泳ぐ。木の枝にもつかまれるように、前方に長い3本の指、後方に小さな1本の指がある。

★＝神奈川県立生命の星・地球博物館蔵

A 体と生態のふしぎ

カモ〈カルガモ〉

カモの仲間は世界中で見られる水鳥で、小型のカモと、大型のガンやハクチョウの仲間に大きく分けられます。世界でおよそ150種類、日本では約50種類が知られています。それらの多くは渡りをしますが、前ページで骨を紹介したカルガモは、一部を除いて渡りをしません。1年中日本各地の水辺にすみ、水草や虫などを食べてくらしています。

写真提供：福岡市動物園

アイガモの親子 ひなは、生まれて初めて見る動くもののあとについていく習性がある。これを「刷りこみ」という。動くものを親と思いこみ、生きていくために必要なことを覚えるので、卵からかえってすぐ、泳いだり歩いたりすることができる。

くちばし
平らで先が丸く黄色い。おもに地上の草の実や水面の藻など植物を食べる。ほかに、水中の虫やタニシなども食べる。

羽毛
カモの仲間ではめずらしく、おすもめすも同じような色や模様をしている。くちばしで尾の付け根から出る油を羽毛にぬって水をはじくようにしている。また、羽毛のすきまに空気を蓄えることができるので、水に浮きやすくなっている。

あし
水かきがついたあしを前後に動かし、水を強くけって泳ぐ。水で冷えたあしの血液は、あしの付け根で温めてから心臓に戻るため、冷たい池で泳いでも体温は下がらない。

めすよりも羽の色が派手なおす

マガモやオシドリといったカモの仲間の多くは、めすよりおすのほうが派手な色をしています。子どもをつくる季節（繁殖期）になると、おすはめすに選んでもらうために派手な色の羽に生え変わるのです。繁殖期が終わると、めすと同じような羽（エクリプス羽）に生え変わります。

オシドリのつがい（上）とエクリプス羽のおす（右）　写真提供：大町市立大町山岳博物館

カモは、おもに植物を食べる淡水ガモと、水中にもぐって魚などを食べる潜水ガモとに大きく分けられる。

群れで飛ぶオナガガモ
ほとんどのカモの仲間は、春から夏にかけて、えさを得たり、子どもをつくったりするために北へ移動し、冬になるとまた南へ戻ってくる。これを渡りという。

翼
ふだんはぴったりと閉じている。広げてはばたくと、位置によって翼の形が異なるため、空気の流れの受け方にも違いが出て、推力（前へ進む力）、揚力（浮き上がる力）が生まれる。

尾
尾羽の付け根の部分が黒い。尾羽は、飛ぶ方向やスピードを変えるときに使われる。

けがしたふりをするカルガモ
子連れの親鳥は、人が近づいたりすると水上で翼をバタバタ動かし、けがをしたふりをする。こうして敵の注意を自分にひきつけ、ひなを安全な場所に逃がす。

©Juna Kurihara

カルガモ

ガン・ハクチョウの仲間

ガンやハクチョウは、カモに比べて体が大きく、首が長いのが特徴で、また、カモよりも飛ぶのが得意です。日本へは、よく秋から冬にかけて、3種のガンと2種のハクチョウが北の国から渡ってきます。春の繁殖期を前に、北へ戻っていきますが、カモと違って、おすとめすの羽の色が同じで、季節による違いもありません。

写真提供：宮城県自然保護課

V字型に並んで飛ぶオオハクチョウ
翼を広げると2.5mになる最大級のハクチョウ。V字型に並んで飛び、ユーラシア北部から北日本へ渡ってくる。ハクチョウは比較的あしが短く、地上ではあまり動けない。

マガン 中型のガンで、おもにロシアから北日本へ渡ってくる。その8割以上の約2万5000羽は、宮城県の伊豆沼で冬を越す。ガンは地上でもよく動ける。

アヒルは、マガモを人が飼いやすく改良したもので、マガモとアヒルをかけ合わせたものをアイガモという。

Q ホネほね、何の骨？
体をくねらせて進む生きものは何!?

森林や野原、畑などで見かける体の長い動物です。骨を見ると、頭には鋭い歯をもつ大きなあごがあり、その後ろにとても長い背骨（椎骨）がのびています。首や尾の椎骨に肋骨はなく、長い胴の椎骨からは左右に肋骨が出ています。また、前あしも後ろあしもないため、首と胴と尾は区別しにくくなっています。さて、この骨はどんな動物でしょうか？

椎骨

頭の骨
上下のあごは、ちょうつがいのような骨でつながっている。さらに、左右に分かれた下あごを自由に動かせるため、口をとても大きく開くことができ、自分の胴より太いものでも飲みこめる。上あごには鋭い歯が2列並んでいる（右上）。

毒をもっている仲間もいるけど、ぼくにはないんだ。

胴の骨
胴の部分では、椎骨の左右に1本ずつ肋骨が出るが、ほかの動物のような肋骨同士をつなぐ胸の骨がない。そのため、大きなえものを飲みこむときなど、胴の肋骨を自由に広げられるが、肋骨に内臓を守るはたらきはあまりない。

上から見た全身の骨

たくさんの椎骨をもつことで、胴体を自在に曲げることができる。

首の骨
首の骨は1〜2個で、肋骨がついていない。

背骨
首から胴、尾にかけてたくさんの椎骨が続く。肋骨がついている部分が胴で、椎骨の数は小型のもので約180個、大型のものでは400個以上にもなる。

尾の骨
肋骨がなくなったところから先が尾になる。

肋骨

▲＝千葉県立中央博物館蔵　●＝和歌山県立自然博物館蔵

データ

- ■分類　は虫類
- ■分布　日本全国
- ■全長　1〜1.9m
- ■メモ　体が白い個体は、神の使いとしてまつられ、山口県岩国市の生息地は国の天然記念物に指定されている。

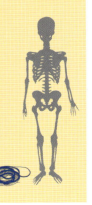

A 体と生態のふしぎ

ヘビ 〈アオダイショウ〉

ヘビの仲間は世界に約3000種が知られ、日本には約40種がいます。あらゆる環境に進出し、地上のほか、木の上や地中、海にまで生息しています。あしのない細長い体は自由に動き、えものをしめつけることもできます。前ページの骨はアオダイショウのものです。本州最大のヘビですが、毒はなく、有害なネズミを食べるので人々の役に立ってきました。

カエルを飲みこむシマヘビ シマヘビは、カエルやトカゲは生きたまま丸飲みし、ネズミなどはしめ殺してから飲みこむ。えものによって食べ方が違う。

ニホンマムシの頭部 ハブやマムシの仲間には、鼻の穴と眼の間に熱（赤外線）を感じるピット器官（矢印）があり、まったく光のない暗闇の中でもえものを見つけられる。

眼 透明なうろこでおおわれており、まばたきはしない。

口 口の中には、ヤコブソン器官というくぼみがある。舌を出し入れしてここに周囲のにおいのつぶを運び、においを感じ取る。

皮ふ かわいたうろこが全身をおおっている。成長するにつれて、脱皮をして古い皮ふを脱ぐ。

えものをしめ殺すニシキヘビ アナコンダやアミメニシキヘビなど、全長6〜10mにもなる大きなヘビは、カピバラやシカ、ときにはヒトのような大きな動物までもしめ殺して飲みこんでしまう。

イラスト：七宮事務所

南アジアの熱帯雨林には、肋骨を広げ体を平らにして、木から木へと滑空して移動するトビヘビという種がいる。

毒ヘビの仲間

ヘビの仲間のうち、毒をもっているのは全体の約25％です。毒ヘビの毒は上あごにある毒腺でつくられます。毒ヘビはふつう、この毒を牙の表面のみぞや、内部の管を通してえものや敵に注入します。また、のどの奥に毒牙があるものや、毒を霧のように吹き出すものもいます。日本にもハブやマムシ、ヤマカガシなど数種の毒ヘビがいます。

ハブ 鹿児島県奄美諸島や沖縄諸島に生息する。日本にいる毒ヘビのなかでも、毒が強く攻撃的で特に危険。

ハブの毒牙と毒液 毒牙はふだん口の中で折りたたまれているが、口を開けると前に飛びだす。毒液は牙の中を通って出る。

胴 長い背骨（椎骨）を自在に曲げて、体をくねらせることができる。また、耳はないが、体やあごに伝わる振動で音を感じ取る。

◆＝写真提供：日本蛇族学術研究所（ジャパンスネークセンター）

◆ **アオダイショウ**

ニシキヘビの腹部 ボアやニシキヘビなど、一部のヘビでは、尾の付け根あたりにつめのような退化した後ろあしのあとが残っている（矢印）。

ヘビの進み方

ヘビの仲間はあしが退化してありません。そのため、腹側の幅の広いうろこ（腹板）をすべり止めにしながら進みます。蛇行運動が基本ですが、体や環境によって進み方に違いがあります。

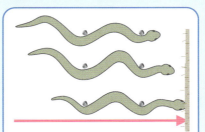

蛇行運動 アオダイショウをはじめ、多くのヘビの基本運動。体の側面を地面のわずかなでこぼこにひっかけ、体を左右にくねらせながら進む。

直進運動 胴が重いニシキヘビなどは、体をまっすぐのばしたまま、腹を波うたせて、はうようにゆっくり進む。

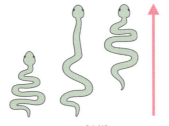

アコーディオン運動 体が太くて短いヘビなどは、頭と尾で交互に体を押さえながら、胴をのび縮みさせて進む。

横ばい運動 砂地にすむガラガラヘビなどは、上半身を進行方向になげだし、次に下半身をひきつけななめ横に進む。

ヘビには卵を産むものと、子どもを産むものがいる。また、生まれてすぐのヘビでも、えものをつかまえることができる。

特集 ふしぎな歯、大集合！
歯の形でわかる動物の食生活

動物たちは厳しい自然の中で生き残るために、食うか食われるかの争いを続けています。ほかの動物をおそって肉を食べるもの、草や木の実を食べるものなど、あごの骨や歯の形を見ると、その動物がどんな物を食べているか、おおよその見当をつけることができます。あごと歯の形から、動物たちが、どんな環境で何を食べているか見てみましょう。

インドガビアル
インドやミャンマーなどの川にすむワニの仲間。細長いあごの両側に並んだ鋭い歯で魚をくわえとって食べる。

上から見たゾウの歯

アジアゾウ
東南アジアの熱帯林や草原にすみ、木の葉や草を食べている。おろし金のような歯で、かたい葉をすりつぶして食べる。

列になって並ぶホホジロザメの鋭い歯

ホホジロザメ
世界中の暖かい海を泳ぎ回って魚やイルカなどをおそって食べる。上下のあごには縁がギザギザした鋭い歯が2、3列並んでいて、1本でもぬけると、次の列が前に出て丸ごと入れ代わる。歯は一生に何度でも生え変わる。

ニホンリス
日本の本州・四国・九州にすむ。木の上ですごし、ペンチのような前歯でかたいドングリやクルミなどを割って、中身を食べる。

インドガビアルの頭の骨

歯

ライオン
アフリカやインドのサバンナにすみ、ヌーやシマウマなどを鋭い牙でとらえて食べる。

イノシシ
アジアや北アフリカ、ヨーロッパの森林などにすみ、下あごのシャベルのような前歯で土を掘って草木の根や小動物を食べる。上下の牙は一生のび続け、互いにこすれて鋭くとがる。

© 2007.laszlo-photo."Blue-Barred Parrotfish"

ヒブダイ
ブダイの仲間は鹿児島県より南の暖かい地方の海にすみ、インコのくちばしのようなかたい歯で、貝類やサンゴなどをバリバリとかみ砕いて食べる。

★＝神奈川県立生命の星・地球博物館蔵　▲＝神戸市立王子動物園蔵　●＝和歌山県立自然博物館蔵

Q ホネほね、何の骨？

水辺が好きな、しっぽのない動物何だ？

田んぼや池のまわりなどで見られる動物の骨です。全体の骨格を見ると、特に大きな頭と長い後ろあしが目立ちます。背骨はとても短く、首はほとんどありません。背骨と後ろあしをつなぐ腰の骨が長く、棒状の尾の骨（尾骨）が体内に収まるようについています。そのため、外に見えるしっぽはありません。さて、このような骨の動物は何でしょう？

データ

- **分類** 両生類
- **分布** 日本全国　極地を除く世界各地
- **全長** 10～18cm
- **メモ** 北アメリカ原産。1918年に食用として日本に移入され、全国に広まった。

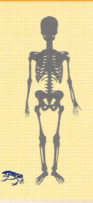

肩の骨・胸の骨

前あしを支える肩や胸の骨は、同じ両生類のサンショウウオの仲間より発達している。皮ふのほか肺でも呼吸するが、肋骨はなく、胸と腹の区別がない。

頭の骨

大きく平べったい頭の骨には、眼の入る大きな穴があいている。上あごにだけ小さな歯が生え、大きなえものでも口を大きく開いて一口で食べることができる。

前あしの骨

後ろあしに比べて短い。前腕部の橈骨と尺骨がくっついて丈夫になっている。しゃがんだときに上体を支える役目をしている。

和歌山県立自然博物館蔵

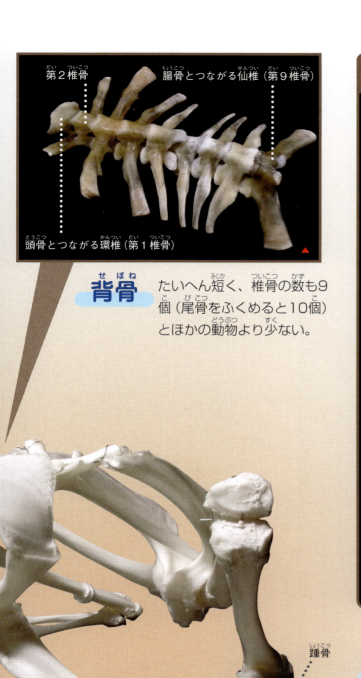
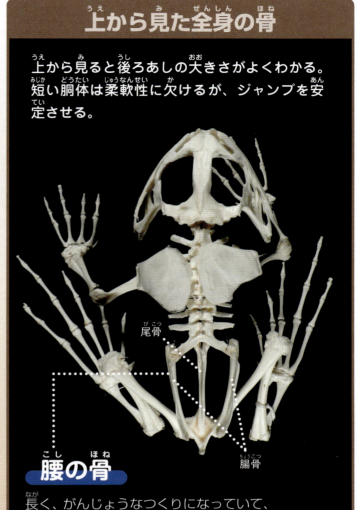

上から見た全身の骨

上から見ると後ろあしの大きさがよくわかる。短い胴体は柔軟性に欠けるが、ジャンプを安定させる。

背骨
たいへん短く、椎骨の数も9個（尾骨をふくめると10個）とほかの動物より少ない。

腰の骨
長く、がんじょうなつくりになっていて、後ろあしの強いジャンプ力を支える。

後ろあしの骨
前あしよりずっと長く、特に足首の距骨と踵骨が長い。後ろあしのすねも2本の骨がくっついて1本になっている。ふだんは後ろあしを折りたたんでしゃがんでいるが、ジャンプするときにはまっすぐのびる。

子どものころは、まったく違う姿をしているよ。

▲＝岐阜県博物館蔵

A 体と生態のふしぎ

カエル〈ウシガエル〉

カエルの仲間は世界で約4800種が知られ、日本には約30種がすんでいます。水中でも陸上でもくらせますが、多くは水気の豊富な場所にいます。ジャンプに適した体は、えさをとったり、逃げたりするのに役立ちます。

前ページの骨はウシガエルのものです。このカエルは食用ガエルとも呼ばれる大型のカエルで、ウシに似た大きな声で鳴きます。

ガラスにはりつくアマガエル アマガエルなど、木の上でくらすカエルの前後のあしは、指先がふくらんで吸盤のように平たい。ただし本当の吸盤ではなく、湿っている指先ではりついているだけだ。だから湿ったおなかの皮ふもいっしょに用いないと効果が発揮できない。ウシガエルやヒキガエルにはこのような平たい指先がない。

こまく
眼の後ろにあり、仲間同士の鳴き声を聞き分ける。なお、大きな声で鳴くのはおすだけである。

眼
動いているものがよく見える大きな眼で、えものを探す。

肺
オタマジャクシのころは、魚のようにおもにえらで呼吸する。カエルに成長すると、おもに肺で呼吸するようになり、陸上でくらせるようになる。

前あし
4本指で水かきはない。

ウシガエル

カエルの成長

カエルのめすは、春から夏にかけて池や田んぼなどの水中に、ゼリー状の膜に包まれた卵を産みます。卵からかえった子どもはオタマジャクシと呼ばれ、水中で水草や小魚などの死がいを食べて育ちます。やがて後ろ、前の順にあしが生え、両あしがそろうと、尾はだんだん小さくなり、陸に上がってカエルになるのです。このように大人になるときに姿が大きく変わることを変態といいます。

後ろあしが生えて、しばらくすると前あしが生えてくる。

陸に上がると、尾は栄養として体の中に吸収されて2日ほどでなくなる。

ウシガエルはオタマジャクシの姿で冬を越し、翌年の夏にカエルへと変態する。

えものをとるアマガエル 長い後ろあしをのばして空中にジャンプし、のばした舌の先にトンボなど動いているえものをくっつけて大きな口でくわえこむ。

皮ふ
表面から出る粘液でいつも湿っていて、乾燥から身を守っている。また、この粘液を通して皮ふ呼吸を行い、肺呼吸を補う。

©Juna Kurihara

泳ぐウシガエル 後ろあしで強く水をけってすばやく泳ぐ。ヒトの平泳ぎと違い、前あしはほとんど使わない。

後ろあし
長い後ろあしについている太い筋肉をのばして、ジャンプする。ウシガエルは特にジャンプ力にすぐれ、1m以上とべる。

水かき
後ろあしには指が5本あり、指と指の間には水かきがついている。

※ウシガエルは、日本の生態系に対して特に悪影響をおよぼす外来生物として、飼育が禁止されています。日本では水族館など特別な許可を得た施設でない限り、屋内で観察することはできません。違反すると重い刑罰が課せられます。野外で捕獲したウシガエルを生きたまま持ち運んだ場合でも同様に罰せられるので注意しましょう。

世界のカエル

カエルの仲間は、北極と南極を除く全世界に広く分布しています。そのため外国には、それぞれの環境にあった変わった特徴をもつカエルがたくさんいます。

写真提供：サンシャイン水族館

コモリガエル（ピパピパ） ヒラタピパともいう。南アメリカの沼などにすみ、一生水中でくらす。卵はめすの背の上でかえり、カエルに変態するまでそこで育つ。

コバルトヤドクガエル 南アメリカの熱帯雨林にすむ。皮ふから人も殺せるほどの猛毒を出して身を守る。めすはオタマジャクシを背中にのせて水辺に運ぶ。

© 2009.eviltomthai."Blue Poison Dart Frog (Dendrobates azureus)" CC

> ヒキガエルはジャンプが苦手で、体は動かさず、舌だけを長くのばして小さなえものをとらえる。

Q ホネほね、何の骨？

水中にすむ尾の長い動物はだれ!?

谷川のきれいな水の中にすむ尾の長い動物です。骨格を見ると、頭と口が大きく、長い背骨をしています。前あしも後ろあしも短くて肩・腰の骨や関節が発達しておらず、陸上ではうまく歩くことができません。水中では、ふだんゆっくり活動しますが、短時間ならすばやく動いたり、泳いだりすることができます。さて、これは何という動物の骨でしょう？

正面から見た頭の骨

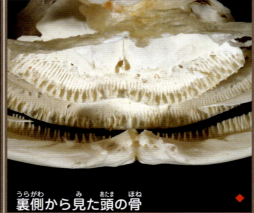

裏側から見た頭の骨

頭の骨
骨でおおわれていない部分もあり、大きな穴があいている。上あごには2列、下あごには1列、1mmほどの小さな歯が並んでいる。

肩の骨
体のわりに小さいが、背骨とつながって前あしを支える。

前あしの骨
短く、肩とつながる関節も発達していないため、浮きやすい水中でしか体を支えることができない。指は4本。

川の水がきれいなところにしかすめないんだ。

◆＝岐阜県博物館蔵

背骨

背中には、丈夫な椎骨がたくさん連なり、それらの1つ1つに棘突起と横突起がある。左右の横突起には棒状の肋骨がついているが、短いため内臓を守るはたらきはない。

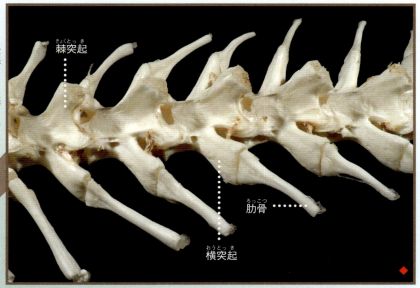

尾の骨

尾の骨にも背中と同じような突起がある。

後ろあしの骨

前あしとほぼ同じ大きさで、関節も発達していない。指は5本。

データ

- **分類** 両生類
- **分布** 岐阜県以西の本州・四国・九州
- **全長** 50〜150cm
- **メモ** 食用にされたこともあるが、現在は国の特別天然記念物に指定されている。

上から見た全身の骨

上から見ると、胴の長さがよくわかる。短い前あしと後ろあしは、胴体から横向きについている。

胸の骨・腰の骨

同じ両生類のカエルの仲間に比べ、軟骨でできている部分が多い。

徳島県立博物館蔵

A 体と生態のふしぎ

オオサンショウウオ

オオサンショウウオは、ほかのサンショウウオやイモリなどとともに尾のある両生類の仲間で、西日本の山間の水のきれいな川にすんでいます。おもに昼間は川の物かげで休み、夜になると水中を動き回り、魚やサワガニをつかまえて食べます。約3000万年前から姿が変わらず、大昔の両生類の様子を伝えているため、「生きた化石」と呼ばれています。

口を開いたオオサンショウウオ 小さい歯がびっしり並び、あごの力も強い。刺激を与えると頭の前面にあるいぼ状の突起からにおいのする粘液を出す。このにおいが植物のサンショウに似ているともいわれ、名前のもとになった。

皮ふ 常に湿っており、皮ふ呼吸して肺呼吸を補っている。

口 頭をほぼ半周するほどの大きな口。肉食で魚やサワガニ、カエルなどを食べる。

眼 口のはしの近くに、退化して小さくなった眼がある。視力は弱い。

鼻 視力が弱いかわりに、かぎわける力が発達していると考えられている。

えものをつかまえるオオサンショウウオ 視力が弱いため、えものを探し回らずに待ち伏せしてとる。魚などが眼の前にくると、口をすばやく開いてつかまえる。大きなえものは、体をひねって振り回し、食いちぎる。

©Juna Kurihara

オオサンショウウオは、さけたように見える口と、体を半分にさいても死なないという俗説から「ハンザケ」「ハンザキ」とも呼ばれる。

尾のある両生類の仲間

両生類の仲間は、今から3億年以上前に、水中から陸上へ進出したといわれています。オオサンショウウオのような尾のある両生類は、ほかのサンショウウオやイモリの仲間を合わせて世界に400種以上います。一生を水中でくらすものや、成長とともに水中から陸上へ、あるいは陸上から水中へと生活場所を変えるものなど、さまざまな種類がいます。

撮影：ホクリクサンショウウオを守る会
写真提供：羽咋市歴史民俗資料館
写真提供：広島大学両生類研究センター
（撮影：檜垣俊忠）

ホクリクサンショウウオ 能登半島や富山県の丘陵地にすむ。子どものときは水中でくらし、大人になると湿った陸上で皮ふ呼吸で生活する。サンショウウオの皮ふはつやつやしている。

アカハライモリ 本州から南の沼や水田、川などにすむ。卵からかえると水中でくらすが、変態後、若いうちは陸上でくらし、完全に大人になると水辺や水中でくらすようになる。イモリの背側の皮ふはざらざらしている。

オオサンショウウオ

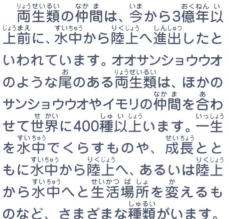

尾 縦に長く太い。水中では尾を左右にふり、体をくねらせて泳ぐ。

あし 前後ともほぼ同じ長さで、体のわりに小さい。そのため、地上では体を支えきれずに腹をすって傷つくこともある。

ひだ 皮ふの面積を増やすことで、酸素をより多く取り入れられる。

■=写真提供：瑞穂ハンザケ自然館

オオサンショウウオの成長

オオサンショウウオのめすは、9月上旬ごろに岸辺の横穴などにゼリー状の膜で包まれた卵を産みます。1つの巣穴に何匹かのめすが卵を生み、巣穴の主である1匹のおすが卵を守ります。卵は50日ほどでかえり、カエルと同様に、子どものときは前あしも後ろあしもなく、「外さい」と呼ばれるえらで呼吸します。5年ほど成長すると、両あしが出て外さいがなくなり、肺でも呼吸できるようになります。

オオサンショウウオの子ども

オオサンショウウオの卵

写真提供：広島市安佐動物公園

外さい

オオサンショウウオのふ化

⚠ オオサンショウウオの仲間は、日本のほか、中国とアメリカにそれぞれ1種ずつしかいない。

特集 骨格標本づくりにチャレンジ！
ブタのあしでつくってみよう！

ブタのあし（豚足）は、前あしがヒトの手首から指先、後ろあしが足首から指先の部分にあたります。またブタの指は4本という違いはありますが、1つ1つの骨を見るとヒトの骨とつくりが似ています。骨格標本をつくってほかの動物とも見くらべてみましょう。

① 浮いてくる脂を取りながら、ブタのあしを弱火で7〜8時間にる。

② 肉は料理して食べ、骨は入れ歯洗浄剤に1日つけてきれいにする。

※手があれないように手袋をして作業しよう。

③ ピンセットや歯ブラシで骨に残っている肉や軟骨をとる。

※小さな骨をなくさないようにザルを使おう。

④ アセトンに1日ほどつけて脂をぬいた後、水洗いする。

※アセトンを使うときは、十分に換気をしてください。

用意するもの
- ブタのあし
- なべ
- ガラスびん
- ピンセット
- 歯ブラシ（使用済み）
- 入れ歯洗浄剤
- アセトン
- ざる
- ボウル
- ホットボンド
- かざり台
- ボルト

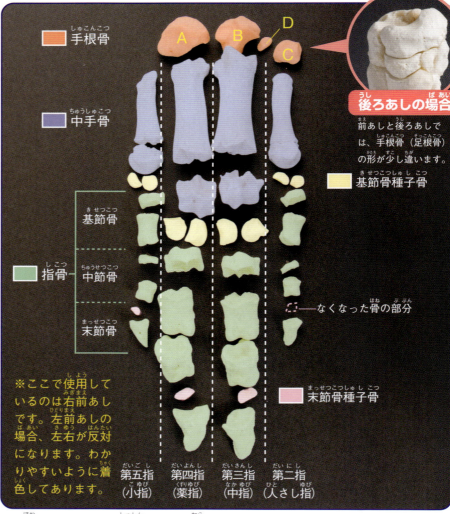

※ここで使用しているのは右前あしです。左前あしの場合、左右が反対になります。わかりやすいように着色してあります。

⑤ 骨をかわかして、写真のように並べる。

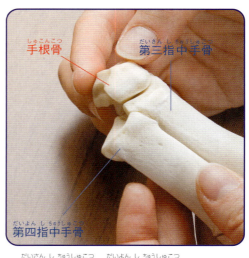

⑥ 関節がうまくはまるか確かめながら、各指ごとに中手骨（青い部分）、指骨（緑色の部分）をそれぞれホットボンドでつけて組み立てる。

⑦ 第三指中手骨と第四指中手骨をくっつけ、上部に手根骨（左ページ下A～C）をつける。

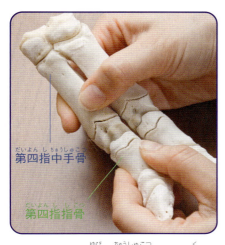
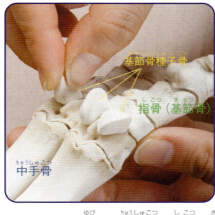

⑧ それぞれの指の中手骨に⑥で組み立てた指骨をつける。

⑨ それぞれの指の、中手骨と指骨の基節骨の間に基節骨種子骨（左ページ下の黄色部分）を、指骨の末節骨の裏に末節骨種子骨（左ページ下のピンク部分）をつける。

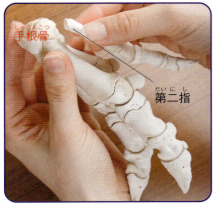

⑩ 手根骨に組み立てた第二指と第五指の骨をつける。最後に第二指の中手骨の側面に手根骨Dをつける。

⑪ かざり台に穴をあけ、ボルトをねじこむ。

⑫ ホットボンドでボルトの頭に固定すれば完成。

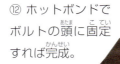

第2章
世界の動物たち

ホネほね、何の骨？

森にすむやさしい力もちはだれだ!?

アフリカの中西部や中東部のジャングルにすむ動物の骨です。後ろあしだけで歩くこともありますが、ふつうは前あしの指を丸め、地面につけて4本あしで移動します。骨を見ると、大きな頭の骨の鼻から下は前に突き出し、ひたいや後頭部はでっぱっています。首には、頭を支える筋肉のつく長い突起があります。さて、こんな骨をもつ動物は何でしょう？

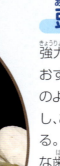

頭の骨

強力なかむ筋肉を支えるために、おすの頭の骨は、ニワトリのとさかのように後ろのほうへ突き出し、あごの骨もでっぱっている。上下のあごには大きな歯や鋭い牙があり、奥歯も発達している。

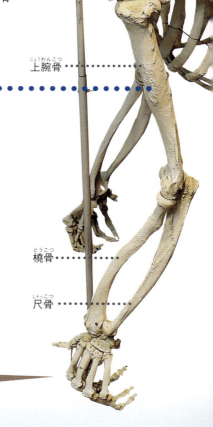

肩甲骨
鎖骨
上腕骨
橈骨
尺骨

腕（前あし）の骨

腕（前あし）が後ろあしより長く、上腕骨は太くてがっしりしている。そのため、指を丸めて地面につき、体重をかけて歩くことができる。この歩き方をナックルウォーキングという。

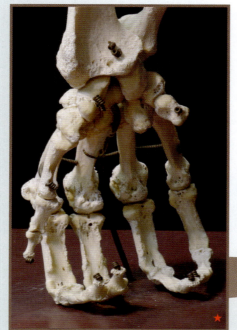

前あしの指

長い指を曲げて、ものをしっかりつかむことができるようになっている。

体の大きさと格好から密林の王者とも呼ばれているけど、性格はおとなしいよ。

肩の骨

がっしりとした肩甲骨と鎖骨で太い腕（前あし）や肩を支える。腕を上下左右に動かせ、木からぶら下がることができるつくりになっている。

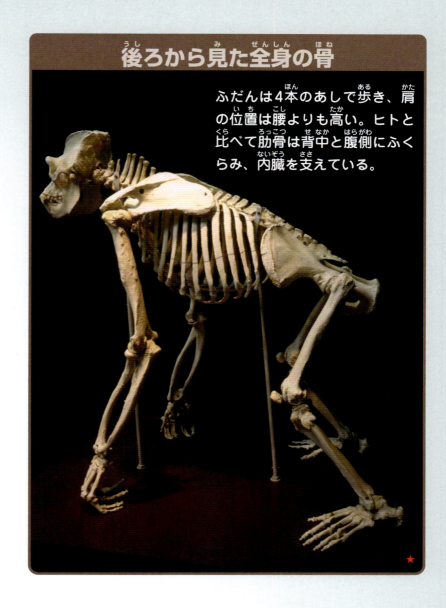

後ろから見た全身の骨

ふだんは4本のあしで歩き、肩の位置は腰よりも高い。ヒトと比べて肋骨は背中と腹側にふくらみ、内臓を支えている。

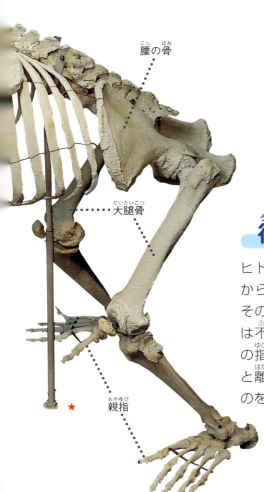

後ろあしの骨

ヒトと違って大腿骨が腰の骨からほぼ垂直にのびている。そのため、2本あしで立つには不安定になっている。5本の指があり、親指はほかの指と離れているため、あしでものをつかむことができる。

データ

- ■分類　ほ乳類
- ■分布　おもにアフリカ中西部
- ■体高　1.2～1.8m
- ■メモ　体重は150～200kgにもなる。

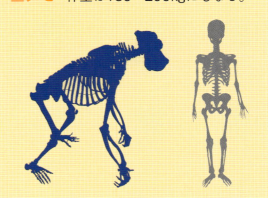

★＝神戸市立王子動物園蔵

A 体と生態のふしぎ

ゴリラ〈ニシゴリラ〉

ゴリラには、アフリカ中西部にすむニシゴリラと中東部にすむヒガシゴリラの2種類がいます。サルの仲間でもっとも体が大きく、身長2mになるおすもいます。前ページの骨は、体の小さいニシゴリラです。どちらも性格がとてもおだやかで、1頭の大人のおすと数頭のめす、子どもの群れで森の中を移動し、おもに草や木の実や葉などを食べてくらしています。

ヒガシゴリラの顔 ゴリラの鼻の穴の上にある皮ふのしわの模様は、1頭1頭違っている。

頭
頭の骨にあごを動かす大きな筋肉がつくため、頭のてっぺんが盛り上がって円すい形になっている。重い頭を支えるために首の筋肉が発達している。顔に体毛はない。

眼
ヒトと同じように顔の正面に眼が並び、ものを立体的に見られる。

腕(前あし)
5本の指で自在にものをつかむことができ、握力も強い。また、指を丸めて地面につき、体を支えながら歩く(ナックルウォーキング)。

ニシゴリラ

絶滅が心配されるマウンテンゴリラ

ヒガシゴリラの一種のマウンテンゴリラは、ニシゴリラより体が大きく、体毛も長いのが特徴です。アフリカ中東部の山地の森林にすんでいますが、狩猟や森林伐採、戦争などでその数が減りました。保護に努めた結果、数は少し回復しましたが、今でも絶滅が心配されています。

マウンテンゴリラ
© 2005.futureatlas.com "Mountain gorilla feeding" CC

ニシローランドゴリラの学名は「Gorilla gorilla gorilla(ゴリラ属ニシゴリラ種ニシローランドゴリラ亜種)」という。

写真提供：浜松市動物園

ペットボトルのふたを開けるニシゴリラ　ほかの動物より脳が発達しており、チンパンジーと同様にゴリラも道具を使う。野生のゴリラが、木の枝を使って水の深さをはかるなど、道具を使うことが確認されている。

ドラミングするマウンテンゴリラ（はく製）　おすは、敵が近づくと落ちている木の枝を折ったり、牙を見せて相手をおどかしたり、鳴き声を上げて立ち上がって胸をたたいたり（ドラミング）する。しかし、ゴリラが相手と実際にけんかして傷つけることはほとんどない。

体毛　全体的に黒かっ色。おすは10歳ぐらいになると背中に銀色の毛が生えはじめ、シルバーバックと呼ばれる。

尾　尾はない。子どもには尾の部分に白い毛がある。

類人猿の仲間

ゴリラなど類人猿の仲間は、ヒトにもっとも近い動物といわれています。ほかのサルの仲間と比べて、脳が発達し、尾をもたず、前あしが後ろあしより長いことが特徴です。テナガザルの仲間の小型の類人猿と、ゴリラやチンパンジー、オランウータンといった大型の類人猿に分けられます。

フクロテナガザル　テナガザルの仲間は、熱帯雨林の中を両手で交互に枝につかまり、体をゆらしながら移動する腕渡り（ブラキエーション）を行う。

オランウータン　マレー語で「森の人」という意味がある。大型の類人猿の中ではめずらしく、ほとんどを木の上ですごす。おすは顔の横に、脂肪でできたひだがある。

腹　多くのゴリラは丸く突き出た腹をしている。太っているわけではなく、かさの大きい食べ物を食べるためにふくらんでいる。

4歳ぐらいになったゴリラの子どもは、おすもめすも、遊びとして胸をたたく（ドラミング）ことがある。

Q ホネほね、何の骨？

タケが大好きな白黒模様の動物は!?

中国南西部の奥地、ササやタケの多い標高2600〜3500mの高地にすむ、白黒模様の動物です。骨を見てみると、体全体ががっしりしていて、ほおの骨が左右に広がり、上下のあごには牙が目立ちます。また、前あし・後ろあしとも太いのですが、後ろあしより前あしのほうが長いのが特徴です。

さて、このような骨の動物は何でしょう？

データ
- **分類** ほ乳類
- **分布** 中国南西部の山奥
- **体長** 1.2〜1.5m
- **メモ** 体重100〜150kgにもなる。生息している場所が少なく、絶滅の危機にある。

肩の骨
大きな体を支える前あしの筋肉がつくため、しっかりとした肩甲骨をもつ。

前あしの骨
前あし・後ろあしとも指は5本だが、前あしにはほかにも手首の骨から親指側に「第6の指」といわれる種子骨、小指側には「第7の指」といわれる副手根骨が発達している。それらの骨は、5本の指と向かい合わせになっていて、好物のタケやササをつかむときの支えになる。

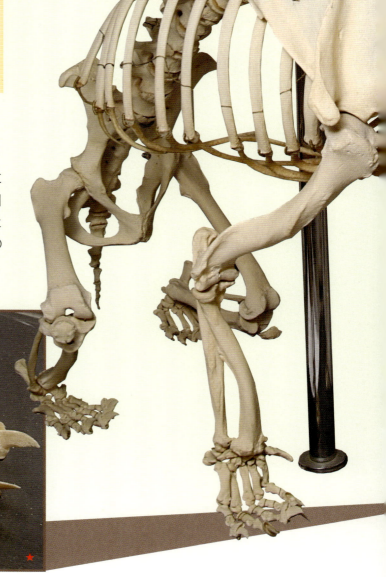

副手根骨（第7の指）

種子骨（第6の指）

横から見た全身の骨

後ろあしより前あしのほうが、太くて長い。★

肩甲骨

頭の骨

ほお骨は、かたいタケの幹をかみ砕く強力な筋肉がつくため、左右に広がっている。上下のあごに鋭い牙と丈夫で平らな奥歯をもち、かたいタケでもかみ砕くことができる。

タケやササ、タケノコも大好物だよ！

外見からはわからないが、骨を見ると、ほお骨がとがっている。

★=恩賜上野動物園蔵

A 体と生態のふしぎ

ジャイアントパンダ

前ページの骨はジャイアントパンダのものです。ジャイアントパンダは、たんにパンダとも呼ばれ、丸い顔や特徴的な白と黒の模様をしています。大きく分けるとクマの仲間ですが、おもにタケを食べます。気性が激しいともいわれています。すむ森が切り開かれるなどして、現在、野生では1600頭ほどしかいないと考えられ、国際的に保護されています。

木登りをするジャイアントパンダ ふだんはゆっくり動くが、危険がせまるとすばやく木に登る。木登りは休けいや求愛をするときにも見られ、野性のものは単独で行動するが、繁殖期になると、おすは鳴いたり周囲ににおいをつけたりして、めすをひきつける。

体毛
白と黒の2色で、眼のまわり、耳、4本のあし、肩の体毛は黒い。体毛はやわらかそうに見えるが、かたくてパサパサしている。

尾
尾の毛の色は白く、まわりの毛でかくれて外からは見えにくい。

ジャイアントパンダ

元祖パンダ!?

レッサーパンダは、中国中央部やネパール、ミャンマー北部の山地の森林にすんでいます。ジャイアントパンダより早く発見されたため、もともとは「パンダ」と呼ばれていました。その後、ジャイアントパンダの発見で、「より小さい(レッサー)パンダ」と呼ばれるようになりました。

レッサーパンダ
アライグマの仲間。ササやタケが好物だが、果物や植物の根なども食べる。ジャイアントパンダと同じく、種子骨(第6の指)があり、それを使って食べ物をつかみ口に運ぶ。

写真提供：よこはま動物園ズーラシア

ジャイアントパンダとレッサーパンダの2種をパンダ科という同じ仲間とする説もある。

ジャイアントパンダの赤ちゃんは母親の約1000分の1の重さ!?

ふつうジャイアントパンダは、約2年に1回、1〜2頭の子どもを産みます。生まれてくる子どもの体重は140〜200gほどで母親の約1000分の1くらいしかありません。生まれたばかりの子どもは、ピンク色のはだに白い毛が少しだけ生え、10日ほど過ぎると黒い模様がはっきりしてきます。約1年で歯（永久歯）が生えそろってタケを食べられるようになり、めすは3〜4年で、おすは5〜6年で大人になります。

アドベンチャーワールドで生まれたジャイアントパンダの赤ちゃん
写真提供：アドベンチャーワールド

眼
小さく、鋭い目つきをしている。眼のまわりに、たれ下がった模様の黒い毛があるため大きく見える。

口
しっかりした歯と強いあごで、おもにタケやササなどのかたい植物を食べる。昆虫やネズミなどの小動物を食べることもある。

タケを食べるジャイアントパンダ 5本の指と種子骨、副手根骨を使ってタケをうまくつかんで食べる。

ジャイアントパンダの左前あし
第6の指（種子骨）
第7の指（副手根骨）
イラスト：七宮事務所

ジャイアントパンダのふん
パンダはもともと肉食だったといわれている。そのため、ほかの草食動物より腸が短く、タケを食べても十分に消化されないままふんとして出てしまう。
写真提供：アドベンチャーワールド

食事の時間は、1日10〜14時間にもなり、10kg以上のタケを食べるといわれている。

特集 骨から見たヒトと類人猿の違い
近くて遠い、ヒトとチンパンジー

類人猿のチンパンジーは、知能も高く、ヒトにもっとも近い動物といわれます。体の設計図となるDNAを調べると、ヒトとチンパンジーの遺伝情報の違いは、わずか2%以下ともいわれています。しかし、体つきや姿勢を見ると、両者では大きな違いがあります。
ヒトとチンパンジーの骨格を比べて、どんな違いがあるか見てみましょう。

ヒト

まっすぐ立って2本足で歩くこと（直立二足歩行）ができる唯一の生きもの。全体の骨格を見ると、頭の骨が大きく、背骨は横から見るとS字状に曲がっている。あしは腕よりも長い。

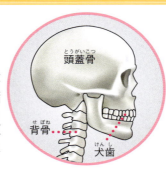

頭の骨 脳の入る部分が大きくふくらむ。顔面は平らで、下あごはあまり大きくない。犬歯が小さい。背骨は頭蓋骨の真下につながる。

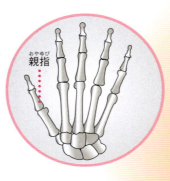

手の骨 チンパンジーと比べて親指が長く、指先をほかのどの指先にもつけられる。このため、ものをつまみやすく、複雑な作業ができる。

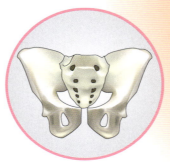

骨盤 広いおわん型で、直立したときにお腹の内臓を支える。バランスをとりやすく、直立二足歩行が安定する。

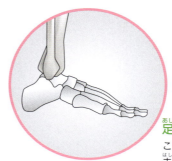

足の骨 足の裏が弓なりになっている。これがばねのようにはたらき、歩いたり走ったりするときの衝撃を吸収する。

ヒトの進化

ヒトは約700万年前にチンパンジーと共通の祖先から分かれたと考えられています。その後、猿人、原人、旧人へと進化し、約20万年前、新人と呼ばれる現在の人類が現れました。

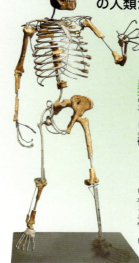

猿人の復元骨格 約380万年前に現れたアファール猿人は、足あとの化石や骨格から確実に直立二足歩行したと見られている。脳の大きさはチンパンジーくらいで、腕も長いが、背骨は頭の真下につき、S字状に曲がっている。また、骨盤や足の形も現代人と似ている。

国立科学博物館蔵

サルの仲間

ヒトも類人猿も、大きくくくるとサルの仲間（霊長類）にふくまれます。霊長類は約200種が知られ、原猿類と真猿類に大きく分けられます。原猿類はワオキツネザルなど、アフリカからアジアにすむ原始的なサルの仲間です。真猿類は、さらにリスザルなどおもに中南米にすむ広鼻猿類、ニホンザルなどアジアやアフリカにすむ狭鼻猿類、類人猿とヒトに分かれます。

徳島県立博物館蔵

リスザルの骨格 中南米の森林にすむ広鼻猿類。ヒトやチンパンジーと違い、尾の骨がとても長い。

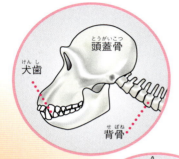

頭の骨 脳の入る部分が小さい。鼻先や下あごが前に突き出ており、犬歯が大きい。背骨は頭蓋骨の後ろのほうにつながる。

手の骨 親指以外の指が長く、弓のように曲がっていて、枝などにぶら下がるのにむいている。親指が短いのでものをつまみにくく、ヒトほどは自由に動かせない。

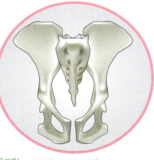

骨盤 上下に長く幅がせまいため、直立すると上半身や内臓を支えきれない。

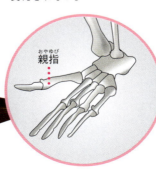

あしの骨 親指がほかの指と離れているため、木の枝などをつかみやすい。あしの裏が平らなため、長い距離を歩くことができない。

神戸市立王子動物園蔵

チンパンジー

アフリカの熱帯雨林やサバンナにすむ。全体の骨格を見ると、後ろあしより腕（前あし）のほうが長く、背骨は弓なりに曲がっている。ふつう、手の甲を地面につけて歩く（ナックルウォーキング）。

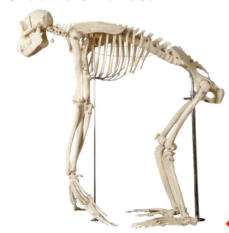

道具を使うチンパンジー チンパンジーはアリ塚のシロアリを食べるときに、木の枝を加工した道具を使うことが知られている。

◆＝神奈川県立生命の星・地球博物館蔵

ホネほね、何の骨？

Q 草原にすむ首の長い動物はなに!?

アフリカ中央部、サハラ砂漠より南に広がる、木のまばらに生えたサバンナにすむ動物です。骨を見ると、頭には角があって、体の半分以上もある長い首をもち、あしも細長くなっています。特にヒトのひじやひざの関節にあたる部分から下が長く、つま先だけを地面につけて、速く走ることができます。さて、この骨をもつ動物は何でしょう？

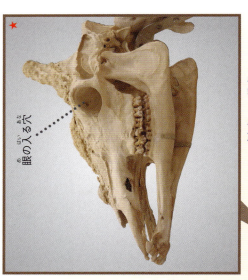
眼の入る穴

頭の骨
頭の左右に眼の入る大きな穴があり、頭の上に2本、ひたいに1本、骨でできた角がある。種類によっては、耳の後ろにも2本、合わせて5本の角をもつものもいる。

長い舌を使って高いところにある木の葉を食べるよ。

背骨
長い首を支える筋肉がつくために、背骨には大きな棘突起がある。

棘突起

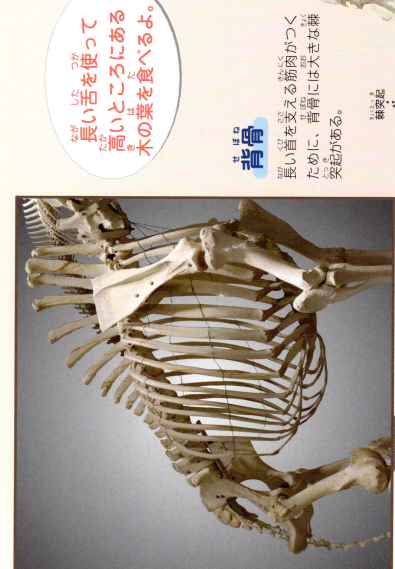

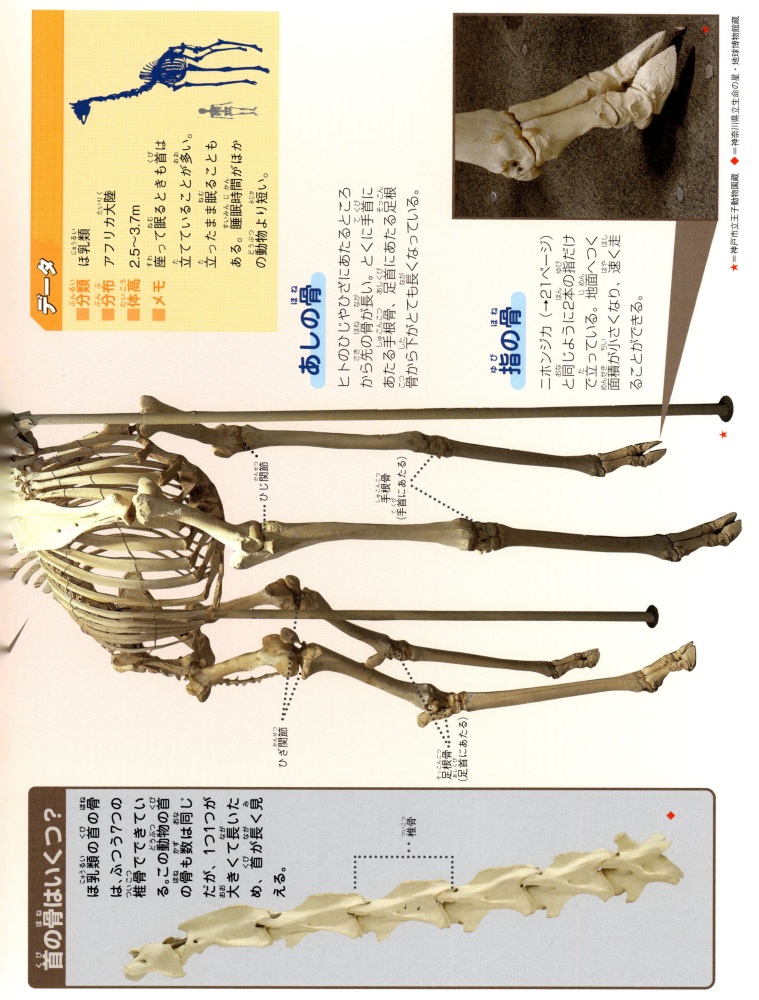

データ

- **分類** ほ乳類
- **分布** アフリカ大陸
- **体高** 2.5〜3.7m
- **メモ** 座って眠るときも首は立てていることが多い。立ったまま眠ることもある。睡眠時間がほかの動物より短い。

あしの骨

ヒトのひじやひざにあたるところから先の骨が長い。とくにに手首にあたる手根骨、足首にあたる足根骨から下がとても長くなっている。

指の骨

ニホンジカ（→21ページ）と同じように2本の指だけで立っている。地面へつく面積が小さくなり、速く走ることができる。

★＝神戸市立王子動物園蔵　◆＝神奈川県立生命の星・地球博物館蔵

首の骨はいくつ？

ほ乳類の首の骨は、ふつう7つの椎骨でできている。この動物の首の骨も数は同じだが、1つ1つが大きくて長いため、首が長く見える。

73

A 体と生態のふしぎ

キリン〈マサイキリン〉

キリンの仲間は9〜12種類に分けられ、種類によって体の模様が違います。前ページの骨はマサイキリンのもので、木の葉のような模様があります。首もあしも長いため、高い木の葉でも食べることができます。また、高い位置からまわりを見わたせるので、開けた草原では、えものをねらうライオンやハイエナなどの肉食動物を見つけるのにも役立ちます。

高い木の葉を食べる

40〜50cmにもなる長い舌で、高いところにある木の葉をからめとる。おすは顔を上に向けてなるべく高いところの葉を食べるが、めすは顔を下に向けて葉を食べる。おすとめすの間で食べ分けをして争いがおきないようにしている。

体の模様

種類によって体の模様は少しずつ異なる。まだら模様は保護色になっていて、肉食動物に体のりんかくがわかりにくくし、おそわれにくくする。

口

木の葉にはかたい繊維がふくまれていて消化しにくいため、食べた葉を胃から口にもどし、それをもう一度よくかんで唾液と混ぜて飲みこむ。

首

2.5〜3mと、ほかの動物に比べてきわだって長い。

マサイキリン

ネッキング　若いおす同士では、どちらが力が強いのかを知るために首を打ちつけあったり、からませたりして力比べをする。これをネッキングという。

水を飲むキリン　キリンの仲間は首もあしも長いので、前あしを大きく広げて草原の水たまりや川の水を飲む。このとき、肉食動物に一番おそわれやすい。

オカピもキリンの仲間！？

アフリカ中央部の森林にすむオカピは、首は短いのですが、キリンの仲間だと考えられていました。しかし、皮ふにおおわれた角や黒くて長い舌、ひづめなどから、キリンに近い動物の祖先とわかりました。最初は体型や模様からシマウマの仲間だと考えられていました。

あし
最高時速50〜60kmで走れる。また敵におそわれたとき、後ろあしでけって戦う。

角の生え方

生まれたときのキリンの頭には、角の生える場所にやわらかい骨（軟骨）があります。成長するにつれ角の骨がかたくなっていき、頭の骨とくっつきます。

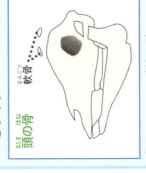

頭の骨
軟骨
生まれたときから、軟骨の角がある。

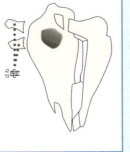

骨
皮ふが盛り上がり、中に骨ができる。

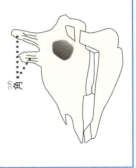

角
頭の骨と完全にくっついて角ができる。

❗ キリンは高い位置にある頭の上まで血液を送るため、ほかの動物に比べて血圧が高い。

Q ホネほね、何の骨？

森にくらすしま模様のハンターはだれ!?

インドや東南アジアなどのジャングルや乾燥地帯の森、また、雪のつもる針葉樹や落葉樹の森などにすむ、体にしま模様のある動物です。骨を見ると、頭は全体的に丸みをおびています。上下のあごには鋭い牙があり、これでえものにかみついてしとめます。体のわりに首が短く、胴や尾は長くなっています。さて、この骨のもち主はだれでしょう？

データ

- **分類** ほ乳類
- **分布** インド、ネパールなど
- **体長** 2.4〜3.1m
- **メモ** 体重130〜260kgにもなる。おすは100km²の広いなわばりをもつことがある。

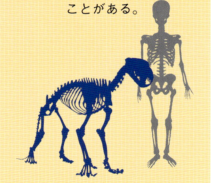

頭の骨
肉食で、えものをかみ切る強力なあごの筋肉がつくため、頭の骨が後ろ側、ほおの骨が横に突き出ている。

口と歯
鋭い牙ととがった歯をもち、それらの歯でえものの肉を切りさいて食べる。

肩の骨
がっしりした肩甲骨で、すばやく動く前あしの骨をしっかり支えている。

肩甲骨

音もたてずにえものに近づくよ。

指の骨
指先に鋭いかぎづめをもつ。ふだんは皮ふでできた袋にかくされているが、木に登ったり、えものをつかまえたりするときに、出して使う。

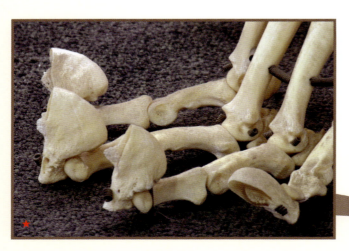

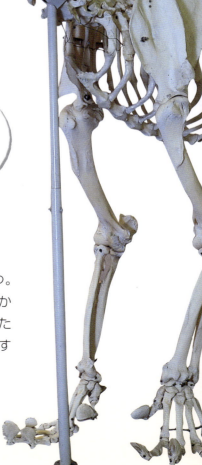

横から見た全身の骨

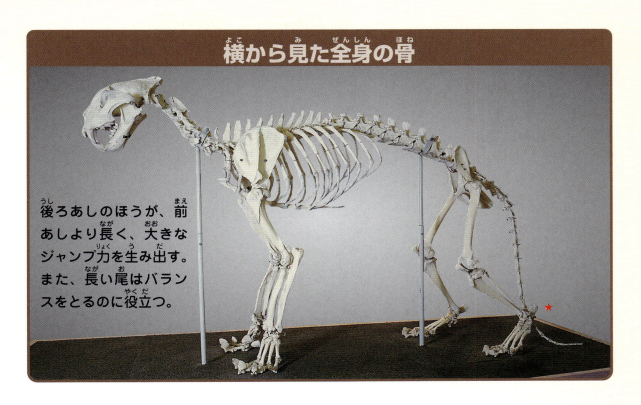

後ろあしのほうが、前あしより長く、大きなジャンプ力を生み出す。また、長い尾はバランスをとるのに役立つ。

背骨

背骨にはいくつもの椎骨が連なり、つながりもゆるやかなため、体をしなやかに曲げて走ることができる。

あしの骨

4本のあしとも指の先だけが地面につくようになっている。これは地面につく範囲を小さくして、速く走れるようにするためである。

正面から見た全身の骨

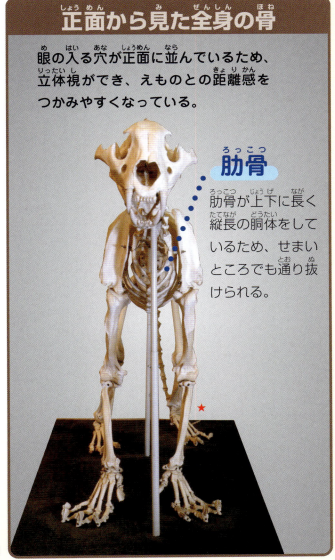

眼の入る穴が正面に並んでいるため、立体視ができ、えものとの距離感をつかみやすくなっている。

肋骨

肋骨が上下に長く縦長の胴体をしているため、せまいところでも通り抜けられる。

★=神戸市立王子動物園蔵

体と生態のふしぎ

トラ ＜ベンガルトラ＞

トラやライオンなどは、大型のネコの仲間です。中でもトラはもっとも大きく、体長3m近くになるものもいます。ふだんは森の中のなわばりで単独で行動し、えものを見つけると、ジャンプしてかぎづめでおそい、鋭い牙でかみつきます。現在、野生のトラは5種類で約5000頭いますが、前ページで骨を紹介したベンガルトラが、その半数以上を占めています。

写真提供：よこはま動物園ズーラシア

えものを食べるスマトラトラ トラやネコの仲間は、鋭いかぎづめでえものをとらえ、のどもとに牙でかみついてえものを殺す。鋭いナイフのような奥歯で肉をかみちぎって飲みこむ。

眼・耳 ほぼ夜行性で暗いところでもよく見える。明るいところでは、ひとみは小さく丸くなる。耳もよく、視覚と聴覚でえものを見つける。

あご かむ筋肉がとても強く、シカやイノシシといった大型の動物の骨でも、ひとかみで砕くことができる。

ベンガルトラ
©GUDKOV ANDREY/Shutterstock.com

写真提供：アドベンチャーワールド

トラの赤ちゃん めすは1回に3～4頭の子どもを産み、母親だけで育てる。生まれたばかりの子どもはとても小さく、目も見えない。1歳半ごろまで母親に食べさせてもらい、2歳～2歳半までに一人立ちをする。

トラの中で、極東ロシアから中国北東部にすむシベリアトラ（アムールトラ）が一番大きく、おすは全長3.3mにもなる。

写真提供：姫路セントラルパーク　　　　　　　　　　　　　　　　　　　© かと - Fotolia.com

竹林にかくれるベンガルトラ　しま模様のトラが背の高い草むらなどに身をひそめると、まわりの景色にまぎれこみ、えものに気づかれにくい。

水で涼むトラ　多くのネコの仲間は水が苦手だが、トラは水が平気で、暑い季節に水に入って涼んだり、殺したえものを水にしずめてかくしたりすることがある。

体毛
黄色と黒のしま模様をしており、草のしげみにまぎれやすい。

大型のネコの仲間

ネコの仲間には、イエネコをふくむ小型の仲間と、トラに代表される大型の仲間がいます。どちらも多くは単独で行動し、ほかの動物をえものとしています。大型のネコの仲間は、自然の中では天敵となる動物がいません。しかし、生息地の開発や毛皮を得るための狩猟などで、その数が減り、絶滅が心配されています。

ライオン　単独でくらすことの多いネコの仲間の中では、めずらしく群れでくらす。群れは、血のつながりのあるめすが中心となり、協力して狩りや子育てをする。

ヒョウ　大型のネコの仲間の中で、もっとも木登りがうまい。えものをつかまえると、それをねらう動物をさけるため、木の上で食べる。

あし
トラは、長時間走り続けることができないので、なるべくえものに近づいてからおそう。あしの裏にある肉球で音をたてずに近づくことができる。

❗ 背骨と垂直に交わるトラのしま模様は、横じまである。

特集 ふしぎな形の骨がいっぱい！
おもしろい形の骨なあに!?

動物の体は、大きさも形もさまざまな、たくさんの骨が集まって形づくられています。そうした骨の1つ1つを見てみると、中には「どうしてこんな形をしているのだろう？」と思うような変わった形のものも見られます。こうした特徴的な骨は、そのもち主である動物の生態を知る手がかりとなります。おもしろい形の骨とその役割を考えてみましょう。

巨大な穴があいた骨!?
これは実物の約3分の2の大きさのツチクジラの椎骨。この骨が1つ1つつながって背骨となり、全長12mほどの巨体を支える。中央の穴には脊髄（脳から出る長い神経の束）が通る。

板みたいな歯!?
これはナルトビエイのあごの骨。上下のあごに幅の広い歯が1枚ずつ並び、洗濯板のようになっている。この丈夫な歯は、アサリなどをかみ砕いて食べるのに役立っている。

角!? 牙!?
これはバビルーサというイノシシの仲間の頭の骨。上あごの牙が皮ふをつきやぶり、大きく曲がってのびるため、角のように見える。この牙はおすだけに生えるが、その形の意味や役割はよくわかっていない。

©2008. boazyw." Babirusa " CC

● =和歌山県立自然博物館蔵　◆ =神奈川県立生命の星・地球博物館蔵

洗濯板!? 小判!?

これはコバンザメ(矢印)の頭の上にある小判形の吸盤。背びれが変化したもので、これで大きなクジラやサメ、カメなどにくっついて移動する。コバンザメはサメではなく、スズキの仲間。

徳島県立博物館蔵

音を出す骨!?

毒ヘビの一種であるガラガラヘビの尾。尾の先には脱皮した皮が殻となってかたく残り、脱皮するごとに節が増える。危険がせまると、尾をふって殻をこすり、「シューシュー」などと鳴らして敵をおどかす。

よろいのような骨!?

これはアルマジロの骨。背中にかたい皮ふでおおわれた甲羅をもつ。甲羅の下は皮骨という板状の骨がある。危険がせまると、足を引っこめて地面にふせたり、種類によってはボールのように丸くなったりして身を守る。

丸まったミツオビアルマジロ
写真提供：サンシャイン水族館

ココノオビアルマジロの全身骨格

岐阜県博物館蔵

Q ホネほね、何の骨？

水辺でくらす大きな口の動物は何!?

昼は沼や川などの水辺にすみ、夜は草原でくらす体の大きな動物です。骨を見ると、頭が大きく、特に大きな口には上下のあごに太いのみのような牙が生え、下あごからは前歯がまっすぐ突き出ています。また、背骨や肋骨、前あしや後ろあしの骨なども太く、体全体がとてもがっしりしています。

さて、こんな骨をもつ動物は何でしょう？

データ

- ■分類　ほ乳類
- ■分布　アフリカのサハラ以南
- ■体長　3〜4m
- ■メモ　体重は1.4〜3.5トン。ふつう数十頭の群れでくらす。

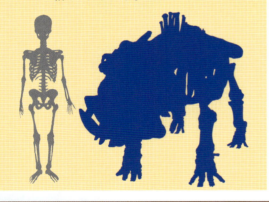

背骨

椎骨から上に突き出した大きな棘突起には、重くて大きな頭を支える筋肉がつく。

肩甲骨

肩の骨

肩甲骨の真ん中にはでっぱりがあり、前あしを動かす強力な筋肉がつく。

・ひざ関節
・ひじ関節
・手根骨

横から見た全身の骨

尾は短い。前あしのひじ関節の後ろにある肘頭が大きく突き出ている。ここに筋肉がついて、前あしを動かすのに重要なはたらきをする。

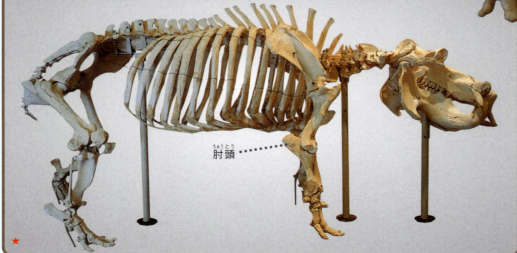

肘頭

棘突起

頭の骨

下あごの後ろ側の骨は大きく横に張り出し、口を大きく開け閉めする筋肉がつく。牙は一生のび続け、1本で長さ50cm、重さ2kgをこえることもある。

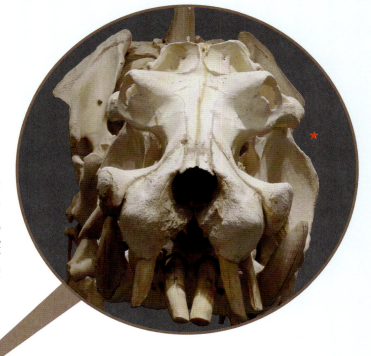

昼間はほとんど水の中にいるよ。

あしの骨・指の骨

あしの骨はたいへん太く、ひじやひざの関節から下が短い。手根骨も低い位置にあり、大きな体を安定させるつくりになっている。第一指（親指）がなくなり、4本の指でうまく体重を分散させて大きな体を支えている。

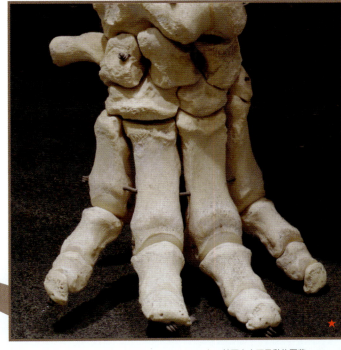

★＝神戸市立王子動物園蔵

体と生態のふしぎ

カバ

前ページの骨はカバのものです。カバは、アフリカ中西部から南部にかけての水辺や草原にすんでいます。体長4m、体重4トンをこすものもあり、陸上ではゾウに次いで大きな動物です。昼間は、川や沼などの水中で暑さをさけたり、水の苦手なライオンから身をかくしたりしてすごしますが、夜には陸に上がって草原で草を食べてくらしています。

写真提供：札幌市円山動物園

大きく開く口 カバは、口を150度も開くことができる。

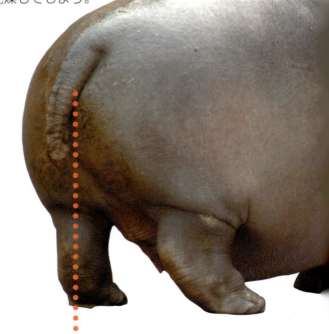

皮ふ 表面の下には厚い脂肪の層がある。日ざしにとても弱く、すぐ乾燥してしまう。

尾 体のわりに短い。尾を左右にふってふんを飛ばし、敵をおどかしたり、えさを探しに陸上へ出たときの道しるべにしたりする。

走ると速いカバ ずんぐりとした体つきをしているが、時速40kmほどで走ることができる。

イラスト：七宮事務所

 カバはその鳴き声と姿から、古代ギリシャで川の馬と呼ばれ、英語の「Hippopotamus」はそれに由来している。

カバは赤い汗をかく!? 日光やばい菌から皮ふを守るために、赤いネバネバした液体を出している。その色から「血の汗」といわれることもあるが、汗ではない。
写真提供：長崎バイオパーク

カバの仲間

カバの仲間には、大型のカバと、その10分の1ほどの体重のコビトカバがいます。コビトカバは、大型のカバの祖先にとても近い姿であると考えられています。森林にすみ、あまり水の中には入らないため、水かきは発達していません。

© Ruth Hallam / 123RF

コビトカバ 体長1.5〜1.75m、体重180〜275kg。外見や、皮ふを守る赤い液を出すところは、大型のカバと似ているが、眼はあまりでっぱっていない。

くち

大きな口を開けて牙を見せ、なわばりを争ったり、近づいてきた敵をおどかしたりする。

カバ

水の中にひそむカバ（右）
カバの眼や耳、鼻は、顔の上のほうに並んでついている。そのため、水の上に眼・耳・鼻を出したまま、水中にひそむことができる。

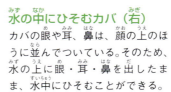

あし

4本の指にひづめがあり、その間に小さな水かきがある。水の中で、重い体重に浮力をはたらかせ、歩いて移動する。

生活は水の中 大人は5分ほどもぐることができ、敵が近づかない水の中で交尾や出産をし、子どもへ乳をあげる。生まれた子どもは群れの仲間と協力して育てる。

© 2006.cloudzilla "Hippopotamus in San Diego Zoo"

えさとなる植物を食べるために、10km以上離れたところに行くこともある。

Q ホネほね、何の骨？

長い鼻をもつ陸上最大の動物何だ!?

アフリカのサバンナや森林、東南アジアなどの森林で、群れをつくってくらす体の大きな鼻の長い動物です。骨を見ると、おすの上あごからは太くて長い牙がのびています。大きな頭を支えるために首は短く、背骨には棘突起という骨が突き出ています。大きな体を支えるあしは、太くてがっしりしています。さて、これは何という動物の骨でしょう？

牙
一生のび続け、長さ2m以上、重さは50kgをこすこともある。身を守るための武器や、土を掘るのにも使われる。この動物の牙は、ほかの動物と違い、犬歯ではなく前歯が変化してできたものである。

歯
奥歯の表面はざらざらしていて、えさの草や木の葉をすりつぶすのに都合がよくなっている。

こんなに大きな体だけど草や木の葉を食べるよ。

頭の骨
とても大きく、牙と牙の間には長い鼻のつく穴がある（矢印）。大きくて重い頭を少しでも軽くするために、骨の内部にはハチの巣のようなすき間があいている。

データ

- **分類** ほ乳類
- **分布** インド、スリランカ、東南アジア、中国南部
- **体高** 2.5〜3m
- **メモ** 体重は最大で5トン以上にもなる。

後ろから見た全身の骨

太いあしの骨は、体からほぼまっすぐ下にのびて、重い体重を支えている。それを支える腰の骨（骨盤）も大きい。

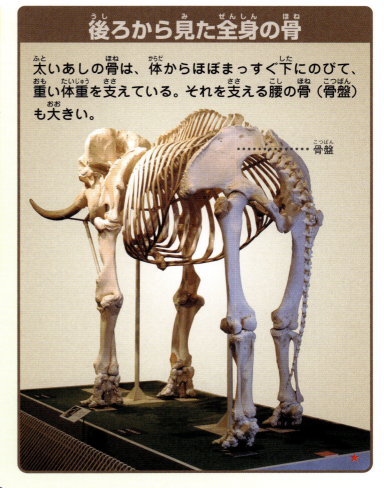

骨盤

背骨

椎骨が連なった背骨には、棘突起と呼ばれるでっぱりが上にのびている。棘突起には大きな頭を支える筋肉がつく。

棘突起

肋骨

背骨からは、太く、がっしりとした肋骨が、おなか全体を包むようにのびている。

あしの骨

前あし・後ろあしとも5本の指をもち、それぞれの指に体重を分散させて大きな体を支えている。

★=神戸市立王子動物園蔵

A 体と生態のふしぎ

ゾウ ＜アジアゾウ＞

ゾウの仲間には、アフリカの草原や森林にすむアフリカゾウとマルミミゾウ、インドや東南アジアの森林にすむアジアゾウがいます。ゾウは長い鼻で息をしたり、においをかぐだけでなく、えさをつかんで食べたり、水を飲んだりします。前ページの骨はアジアゾウのもので、アフリカゾウよりも小さく、めすの牙がほとんど目立たないのが特徴です。

写真提供：よこはま動物園ズーラシア

鼻で体に水をかけるアジアゾウ 鼻で吸い上げた水を口に入れて飲んだり、体にかけたりする。また、鼻先でえさをつかんだり、草を巻き付けたりして口に運ぶなど、さまざまな使い方をする。

耳
ヒトには聞き取れないほど低い音を聞き分け、仲間と交信する。また、運動して体温が上がったときに、パタパタと動かすなどして耳の皮ふの下に張りめぐらされた血管を外気で冷やし、体温を下げる。

アジアゾウ

© Mohamed Shahid Sulaiman / 123RF

おす同士の力比べ 若いおすが力比べをするときには、鼻をからませて牙をぶつけあう。ふつう、おすは1頭だけ、あるいは若いおすだけの小さな群れですごし、子どもをつくるときだけ、めすのいる群れに入る。

鼻
上くちびると鼻がいっしょになってのびたもの。骨はなく、10万本以上の筋肉でできている。

ひづめ
前あしの指に5つ、後ろあしの指に4つ、ひづめと呼ばれるつめがある。

マルミミゾウはアフリカゾウより小柄で、耳の後ろが丸くなっており、牙が反りかえっていない。

アフリカゾウの群れ 群れは血のつながった数頭のめすとその子どもだけでできており、経験豊かな年老いためすがリーダーとなる。リーダーには、群れの仲間を水や食料のある場所まで安全につれていく役目がある。おすの子ゾウは、成長して10歳くらいになると群れを離れる。

イラスト：梅田紀代志

皮ふ

体を冷やしやすいように、しわが多く、表面積を広くしている。皮ふに寄生虫やばい菌がつかないように、体のまわりに泥や砂をつけることがある。

アジアゾウとアフリカゾウの違い

アジアゾウとアフリカゾウの違いは、体の大きさだけではありません。アジアゾウは、頭の上に2つのふくらみがあり、背中の形は丸くなっています。一方、アフリカゾウは、頭が丸く、背中にわずかなくぼみがあります。ほかにも耳の形や大きさ、鼻先の形、牙の生え方なども違います。

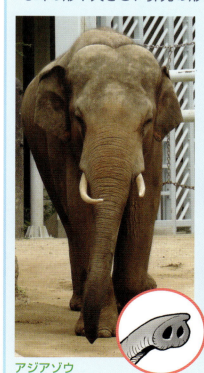

アジアゾウ 鼻先の上のほうだけでっぱっている。

アフリカゾウ 鼻先の上下がでっぱっている。

イラスト：七宮事務所

ゾウのあしの裏 あしの裏は厚い肉球でおおわれ、地面にあしをつくときにクッションの役目をしている。また、あし裏の皮ふはひびわれてでこぼこしており、すべりにくくなっている。あしの裏の皮ふは厚いが、とても敏感で遠くの音を感じ取ることができる。

写真提供：よこはま動物園ズーラシア

ふつう、アフリカゾウのひづめは前あしに4つ、後ろあしに3つある。

89

特集 陸上最大の骨「恐竜」
骨格化石でわかる恐竜の特徴

約2億3000万年前から約6500万年前の地上には、「恐竜」と呼ばれるは虫類の仲間が栄えていました。しかし、現在はその化石から生きていた姿を想像することしかできません。

恐竜は「巨大なトカゲ」のように思われがちですが、今のは虫類とは決定的に違う点がいくつもあります。骨格化石から、すべての恐竜に共通するおもな特徴を見てみましょう。

マメンキサウルス

約1億5000万年前にいた最大級の草食恐竜。大きいものは全長35m、体重50トンほどにまで成長したと考えられている。大型草食恐竜の仲間は、肉食恐竜から身を守るために巨大化したとする説もある。骨は軽いががんじょうである。

マメンキサウルスの頭の骨 巨大な体には不釣り合いなほど小さい。歯は単純な形で、植物をかみ切り、あとは丸飲みした。

頸肋骨

首の骨 首の椎骨にも肋骨（頸肋骨）があり、互いにつながって長い首の重さを支えた。頭をあまり高くはもち上げられなかったと考えられる。

あしの骨 50トンもの体重を支えるため、とてもがんじょうで、ゾウ（→87ページ）と似た形をしていた。

イラスト：梅田紀代志

パラサウロロフス

約7300万年前にいた草食恐竜。長いとさかの管に空気を出し入れして音声を共鳴させ、仲間とコミュニケーションをしていたと考えられている。

背骨 神経棘という突起に多くの腱がつき、背中から尾の部分を支えた。

とさか

頭の骨 とさかは中空で、鼻の穴とつながっている。おすのほうがめすよりとさかが長く、1mにもなった。

前あしの骨 短くてもがっしりしており、後ろあしだけでも四足でも歩くことができた。

パラサウロロフスの骨格化石

いわき市石炭・化石館蔵

トカゲのあしと恐竜のあし

トカゲなど今のは虫類の多くは、4本のあしを左右に広げてはうように歩きます。これに対して、恐竜のあしは胴体から真下にのびており、後ろあしでしっかり体重を支えることができました。

トカゲのあし

恐竜のあし

ガストニア

約1億2000万年前の草食恐竜。背中から尾にいたるまでトゲのついた骨のよろいにおおわれ、これで敵から身を守ったと考えられる。あらゆる恐竜の中でもっとも発達したよろいをもつ。

腰のよろい ごく小さな骨がたくさん集まって一体化している。

背中のとげ 大小さまざまな骨が組み合わさっている。多くは中空になっており、あまり重くはない。

尾の骨 尾の先に小さな骨のかたまりがあり、ハンマーのように振り回して攻撃したと考えられている。

恐竜の特徴①
仙椎（骨盤の中央にある背骨）が3つ以上くっついている。

肋骨 毎日1トン近くもの食料を収める内臓を支えるため非常にがんじょうにできている。

恐竜の特徴②
大腿骨を収める骨盤の穴がソケット状に裏まで貫通している。

尾の骨 根元の骨はかなり自由に動かせるが、先端はややかたい。武器としてムチのように使っていたと考えられる。

ガストニアの骨格化石
ニューメキシコ自然史博物館蔵

恐竜の特徴③
足首の関節がちょうつがいのような構造をしていて、歩いたり走ったりするのに適していた。

マメンキサウルスの骨格化石
©Alamy／PPS通信社

肉食恐竜と草食恐竜の歯

恐竜は、ほかの動物をとらえて食べる肉食恐竜と、おもに植物を食べる草食恐竜に分けられます。歯の化石を見ると、それぞれ肉食、草食に適した形をしていることがわかります。肉食のティラノサウルスと草食のエドモントサウルスの歯を比べてみましょう。

ティラノサウルスの頭の骨と歯
1本1本の歯が大きく、歯茎にうもれている歯根も長くて丈夫。歯の先端にあたる歯冠の縁はステーキナイフのようにギザギザで、肉を食いちぎるのに適している。

歯根
歯冠

エドモントサウルスの頭の骨と歯
草食恐竜の中でも特殊な歯をもつ。小さな歯が何百本も集まって巨大なおろし金のようになり、これで植物をすりつぶした。

Q ホネほね、何の骨？

後ろあしでとびはねる動物だれだ!?

おもにオーストラリア大陸にすみ、後ろあしでとびはねて移動する動物です。骨を見ると、前あしに比べて後ろあしがとても長く、尾の骨も太く長めです。長い後ろあしで地面をけり、尾でバランスをとりながらジャンプして走ります。前あしの指は5本あり、えさをつかんで食べることができます。

さて、この骨をもつ動物は何でしょうか？

データ

- **分類** ほ乳類
- **分布** オーストラリア東北部
- **体長** 65～85cm
- **メモ** 体重は10～20kgほど。夜行性だが、敵がいない場所などでは昼でも行動する。

尾の骨

体を支えることもあるため、骨がしっかりしている。椎骨と呼ばれる1つ1つの骨の下にはV字骨と呼ばれる小さな骨があり、尾の血管を守っている。

腰の骨

腰の骨（骨盤）から前恥骨（袋骨ともいう）が飛びでている。子どもを育てるおなかの袋を支えると考えられているが、めすだけでなくおすにもある。

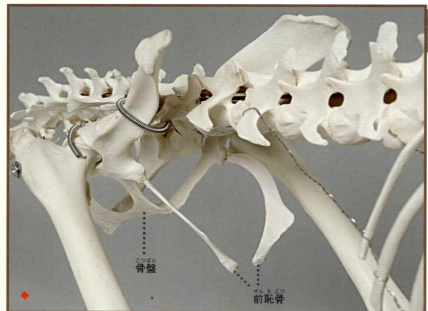

大腿骨
V字骨
脛骨
骨盤
前恥骨

頭の骨

顔が縦に長く、葉や草をかみとる前歯と、すりつぶす奥歯が並んでいる。上あごの前歯は6本あるが、下あごには2本しかない。

背骨

椎骨が連なり、移動するときに、体をしなやかに曲げのばしする役割をする。

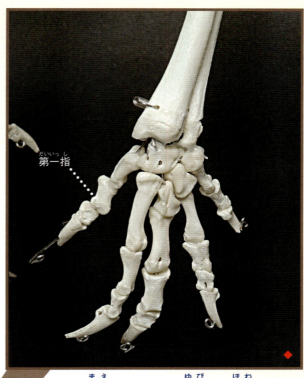

前あしの指の骨

5本の指があり、第一指（親指）はほかの指から少し離れている。長いつめをもち、ものをつかむことができる。

> めすのおなかには子どもを育てる袋があるよ。

後ろあしの骨

大腿骨と脛骨が太くなっている。太くて長い第四指（薬指）と第五指（小指）が発達している。第一指（親指）は退化してなくなり、細い第二指（人さし指）と第三指（中指）が皮ふでくっついているため、外見からは3本指に見える。

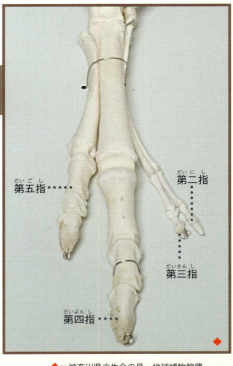

◆＝神奈川県立生命の星・地球博物館蔵

A 体と生態のふしぎ

カンガルー ＜オグロワラビー＞

　カンガルーの仲間は50種以上いて、大型のものをカンガルー、小型のものをワラビー、その中間の大きさのものをワラルーと呼んで大きく分けています。前ページの骨はオグロワラビーのもので、沼に近い低い木の林などにすんでいます。草や木の葉を食べ、めすのお腹の袋で子育てをするなど、カンガルーもワラビーもくらし方はほとんど変わりません。

写真提供：千葉市動物公園

けんかするオオカンガルーのおす 繁殖期（子どもをつくる時期）になると、めすを奪い合っておす同士がけんかする。尾で体を支え、後ろあしでけり合うだけでなく、ボクシングのように前あしでなぐり合うこともある。

後ろあし
ももの筋肉が発達していて、太くなっている。両あしをそろえてはねる。

尾
太くて長い尾で、走るときにバランスをとる。また、後ろあしで立つときに体重を支える役割もある。

オグロワラビー
写真提供：横浜市立金沢動物園

カンガルーの赤ちゃん

　多くのほ乳類は、おなかの中で赤ちゃんをある程度大きく育ててから産みます。しかし、カンガルーなどおなかに袋のある動物は、赤ちゃんをとても小さいうちに産み、袋の中で乳をあげて育てます。カンガルーの仲間の中でも大きなアカカンガルー（体長1.3〜1.6m）でさえ、生まれたときには体長2cm、体重1gほどです。生まれたばかりの赤ちゃんは自力で袋の中へ入り、乳首を見つけて乳を飲みます。種類によって違いますが、生後約5か月で袋から顔を出し、約6か月で袋から出入りするようになります。そして、約8か月で袋から出て生活します。

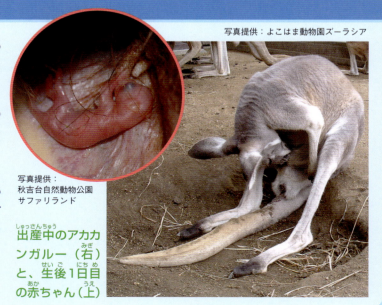

写真提供：よこはま動物園ズーラシア

写真提供：秋吉台自然動物公園サファリランド

出産中のアカカンガルー（右）と、生後1日目の赤ちゃん（上）

> カンガルーの先祖に近いネズミカンガルーは、地面をはねまわるが、あまりジャンプが得意ではない。

耳
長くて大きく、音のする方向を知るために自由に向きを変えることができる。

前あし
指先には鋭いかぎづめがついており、おす同士が争うときに武器として使う。また、ゆっくり歩くときには、地面に前あしをついて体を支える。

腹
めすには育児のうと呼ばれる袋があり、生まれた子どもをその中で育てる。

走るクロカンガルー 大きな後ろあしで地面をけって、尾でバランスをとりながら走る。アカカンガルーでは時速45kmほどになるといわれてい

食べ物をつかんで食べるアカカンガルー おもに草や葉、実など植物を食べるが、虫を食べることもある。草などの食べ物を鋭いつめにひっかけたり、つかんだりして口に運び食事をする。

木に登るカンガルー？

カンガルーの仲間の多くは草原でくらし、ふつう木には登りません。しかし、森林にくらすキノボリカンガルーは、名前の通り、前あしの丈夫なつめを木にひっかけ、後ろあしを交互に動かして木に登ります。また地面の上では、ほかのカンガルーと同じようにはねて移動します。

セスジキノボリカンガルー
ニューギニア島の中央部から東部にすむキノボリカンガルーの仲間。生息数がとても少ない。

生まれたばかりのワラビーは、0.3gほどしかない。

Q ホネほね、何の骨？

白黒のしましま模様の動物なあに!?

アフリカの乾燥したサバンナという草原などにすむ、体にしま模様のある動物です。骨を見ると、頭は縦に長く、大きな前歯があり、多くの奥歯が並んでいます。長いあしは、付け根部分が太く、先のほうは細くなっています。指先にはひづめがあり、長い距離を速く走ることができます。

さて、このような骨の動物は何でしょう？

頭の骨
顔は縦に長く、鼻の穴が大きい。顔の上部には眼の入る穴が横向きについている。

上腕骨

胸の骨　肋骨
胸の骨と18対の肋骨が胸とおなかを包み、大きな胸郭という空間をつくる。肋骨で守られた肺や心臓が大きく発達しているため、長い距離を速く走り続けることができる。

下あごの骨

あごの骨
長い上下のあごには、草をかみ切るための前歯と、それをすりつぶすためのたくさんの奥歯が並んでいる。おすには、前歯と奥歯の間に牙がある。奥歯は、1つずつが大きく、かむ面積が広い。表面には細かなみぞがあり、食べた葉を消化しやすくするためによくすりつぶすことができる。

背骨

頭と長い首を支えるために、背骨には大きな棘突起がある。

データ

- **分類** ほ乳類
- **分布** アフリカ中東部
- **体長** 2.15〜2.75m
- **メモ** 体重352〜420kg、体高1.4〜1.6m。同じ仲間の中でも、模様のしまの幅がせまく、たてがみが長い。

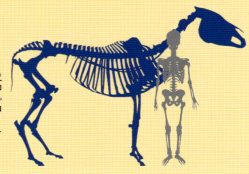

「よく似たしま模様でも実は1頭ごとに違うんだよ。」

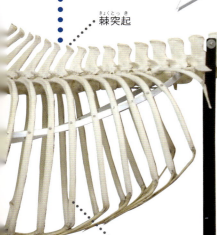

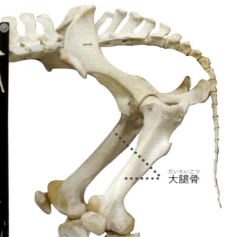

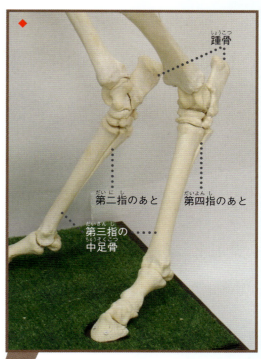

踵骨・第二指のあと・第四指のあと・第三指の中足骨

あしの骨

強力な筋肉がつく。上腕骨と大腿骨は太いが、先のほうにいくほど骨が細くなり、あしを軽くしている。あしは前後にだけ動き、余分な動きをしないため、速く走ることができる。

棘突起・肋骨・大腿骨

指の骨

第一指（親指）と第五指（小指）は完全になくなり、第二指（人さし指）と第四指（薬指）は小さなあとだけが第三指（中指）とくっついて残っている。地面につくのは第三指だけである。

ひづめ

前あしと後ろあしの指先には、かたくて大きなひづめ（右）があり、これで地面をけって速く走る。

◆＝神奈川県立生命の星・地球博物館蔵

A 体と生態のふしぎ

シマウマ ＜グレビーシマウマ＞

シマウマには、大きく分けてサバンナシマウマとグレビーシマウマ、ヤマシマウマの3種類がいます。ほぼ1日の半分以上を、草などを食べてすごします。しま模様は種類によって異なり、前ページで骨を紹介したグレビーシマウマは、あしの先までしま模様がありますが、おなかにはありません。シマウマの中でもっとも大きく、耳が大きいのが特徴です。

見えない／片眼で見える範囲／両眼で見える範囲

眼
顔の横にあり、広い範囲を見わたせる。そのため肉食動物が近づくと、すぐに気づいて逃げることができる。

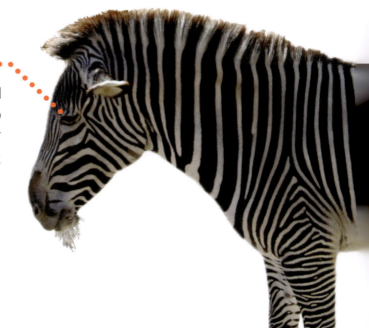
グレビーシマウマ

サバンナシマウマの親子
シマウマの子どもは、肉食動物におそわれやすい。そのため、生まれて15分ほどで立ち上がり、30分もすると歩けるようになる。

写真提供：横浜市立金沢動物園　©2008.asw909"Chester Zoo:Przewalski Wild Horse"

ウマの仲間

ウマの仲間は、ロバやウマをふくめて7種が知られ、そのうち全身にしま模様がある3種をシマウマと呼びます。シマウマは、先が丸い耳や先端にだけ毛の生えた尾など、ウマよりロバに似ているといわれます。ロバやウマは、古くから家畜として飼われ、野生のものから、多くの品種が生み出されてきました。家畜のロバの多くは野生のアフリカノロバを改良したものです。

ソマリノロバ アフリカノロバの仲間で、あし先に横じまがある。体長約2mとウマの仲間でもっとも小さい。

モウコノウマ 体長約2.1m。中央アジアの草原にすんでいたが、野生のものは絶滅したと考えられている。

 クアッガというシマウマの仲間は、たくさん狩られたため、19世紀に絶滅してしまった。

■=写真提供：広島市安佐動物公園

シマウマの肌 シマウマの肌はしま模様ではない。サバンナシマウマの仲間のグラントシマウマの肌は、黒っぽい灰色をしている（矢印）。

サバンナシマウマの群れ サバンナシマウマとヤマシマウマは、おす1頭とめす2〜3頭のハーレムをつくる。特にサバンナシマウマでは、ハーレム同士が集まって100頭以上の群れになることがある。グレビーシマウマは、短期間群れをつくることがあるが、おすの多くがなわばりをもち、単独で行動する。

体毛
白黒のしま模様は種類ごとに違い、また、同じ種類でも1頭ずつ違う。群れでいると、模様が入り組んで1頭1頭の区別がつきにくくなり、肉食動物がねらいを定めにくくなると考えられている。

尾 長い尾には、先のほうだけに毛がある。

写真提供：群馬サファリパーク

あし 胴体をあまり動かさず、地面をけって走る。時速80kmで走ることができるといわれている。

走る力のもと 腰からあしにかけて強力な筋肉がついている。肉食動物におそわれると、その筋肉を使って全力で走って逃げる。右上はサバンナシマウマの仲間のチャップマンシマウマのお尻。

シマウマとウマの間の子どもをゼブロイドといい、ゼブロイドは子どもをつくることができない。

特集 恐竜は鳥になった!?
進化がわかる始祖鳥の骨

約6500万年前、恐竜の大部分は絶滅しました。しかし、獣脚類という一部の仲間は、鳥へと進化して今も生き残っていると考えられています。その中で、最初に空を飛んだ始祖鳥は、恐竜と鳥を結ぶ中間的な生きものとされています。恐竜と鳥はかけ離れた種類に思われますが、骨を見るといくつか共通点があります。それぞれの骨格を比べてみましょう。

- ● : 恐竜（獣脚類）に見られる特徴
- ● : 鳥に見られる特徴
- ● : 恐竜と鳥に共通する特徴

ティラノサウルス

ティラノサウルスの復元骨格
撮影協力：国立科学博物館

- ●歯　鋭くとがった同じ形の歯が並ぶ。
- ●尾　尾は長く、歩いたりするときにバランスをとる役割を果たした。
- 恥骨
- ●後ろあしの指　多くの獣脚類では3本の指と1本の指が向き合う。

約6600万年前の獣脚類で、史上最大級の肉食恐竜（全長約13m）。とがった歯、鋭いかぎづめ、長めの後ろあしなど、約2億3000万年前に登場した獣脚類の典型的な骨格をもつ。

始祖鳥

約1億4700万年前の、史上最古の鳥といわれる動物。大きさはニワトリほどで、羽毛も生えていたが、飛ぶ能力はあまり高くなかったと考えられている。

- ●尾　バランスをとるため、は虫類や恐竜と同じように長い尾をもつ。始祖鳥には長い尾羽が生えていたが、後の時代の鳥では軽量化のために尾は退化した。
- 恥骨
- ●骨盤　今の鳥と同じように、恥骨が後ろ向きにのびる。
- ●後ろあしの指　3本の指と1本の指が向き合うようになっているため、枝などにつかまりやすい。この構造は多くの獣脚類や、鳥類にのみ見られる。

恐竜の仲間分け

恐竜は、トカゲに似た骨盤をもつ竜盤目と、鳥に似た骨盤をもつ鳥盤目とに分けられます。ティラノサウルスなどの獣脚類は、竜盤目に属しており、二足歩行を行い、多くは肉食性といった特徴があります。

骨盤の形を比べてみよう

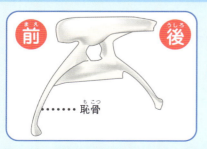

典型的な獣脚類の骨盤　体の斜め前にのびた恥骨が内臓を支えている。ティラノサウルスの骨盤もこの形に近い。

始祖鳥の骨盤　恥骨が体の斜め後ろにのび、後ろあしで地面や木の枝をけるための強力な筋肉を収めるスペースができた。

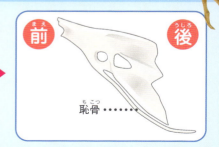

ハトの骨盤　骨がよくくっつきあい、がっしりしている。飛び立つときにけり出すあしの筋肉を収めるスペースも広がった。

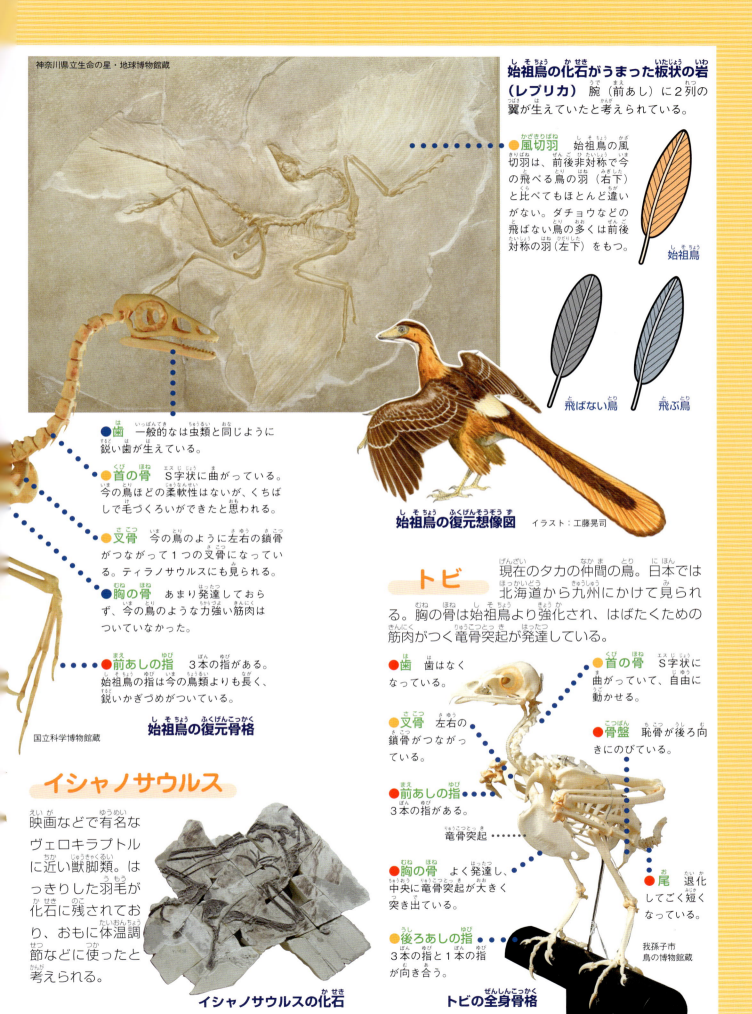

神奈川県立生命の星・地球博物館蔵

始祖鳥の化石がうまった板状の岩（レプリカ） 腕（前あし）に2列の翼が生えていたと考えられている。

- **風切羽** 始祖鳥の風切羽は、前後非対称で今の飛べる鳥の羽（右下）と比べてもほとんど違いがない。ダチョウなどの飛ばない鳥の多くは前後対称の羽（左下）をもつ。

始祖鳥／飛ばない鳥／飛ぶ鳥

始祖鳥の復元想像図　イラスト：工藤晃司

- **歯** 一般的なは虫類と同じように鋭い歯が生えている。
- **首の骨** S字状に曲がっている。今の鳥ほどの柔軟性はないが、くちばしで毛づくろいができたと思われる。
- **叉骨** 今の鳥のように左右の鎖骨がつながって1つの叉骨になっている。ティラノサウルスにも見られる。
- **胸の骨** あまり発達しておらず、今の鳥のような力強い筋肉はついていなかった。
- **前あしの指** 3本の指がある。始祖鳥の指は今の鳥類よりも長く、鋭いかぎづめがついている。

始祖鳥の復元骨格
国立科学博物館蔵

イシャノサウルス

映画などで有名なヴェロキラプトルに近い獣脚類。はっきりした羽毛が化石に残されており、おもに体温調節などに使ったと考えられる。

イシャノサウルスの化石

トビ

現在のタカの仲間の鳥。日本では北海道から九州にかけて見られる。胸の骨は始祖鳥より強化され、はばたくための筋肉がつく竜骨突起が発達している。

- **歯** 歯はなくなっている。
- **叉骨** 左右の鎖骨がつながっている。
- **前あしの指** 3本の指がある。
- **胸の骨** よく発達し、中央に竜骨突起が大きく突き出ている。
- **後ろあしの指** 3本の指と1本の指が向き合う。
- **首の骨** S字状に曲がっていて、自由に動かせる。
- **骨盤** 恥骨が後ろ向きにのびている。
- 竜骨突起
- **尾** 退化してごく短くなっている。

トビの全身骨格
我孫子市鳥の博物館蔵

Q ホネほね、何の骨？

一番大きくて走るのが速い鳥は!?

おもにアフリカのサハラ砂漠より南に広がる草原など、乾燥したところにすむ鳥です。現在生きている鳥の中でもっとも体が大きく、飛ばずに走って移動します。骨を見ると、飛ぶ鳥に比べて、体のわりに翼があまり大きくありません。また、大きな腰の骨から長いあしがのび、指の骨は2本しかありません。さて、このような骨をもつ鳥は何でしょう？

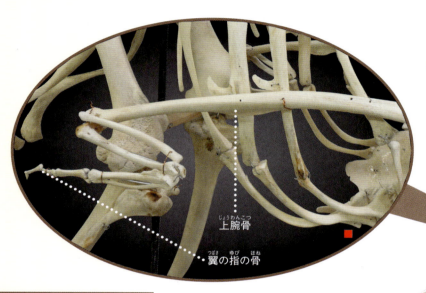

翼の骨
飛ばない鳥の中では、翼の根元部分にあたる上腕骨が長くて大きい。

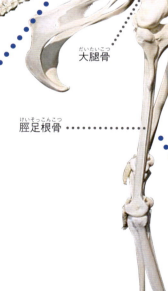

上腕骨
大腿骨
脛足根骨

腰の骨
腰の骨（骨盤）は走るための強力な筋肉がつくので、がっしりとしている。

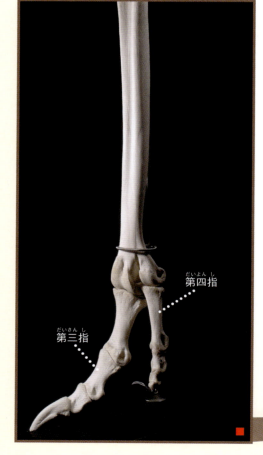

第四指
第三指

あしの指の骨
第三指（中指）と第四指（薬指）の2本しかない。特に第三指は大きく、地面をける力を集中させる。

日本大学生物資源科学部博物館蔵

頭の骨

小さな頭には、眼の入る大きな穴がある。くちばしは幅が広く、先が丸くなっている。

データ

- **分類** 鳥類
- **分布** アフリカ北西部・中東部・南部
- **頭高** 2.3m
- **メモ** 大きなおすは体重が150kgにもなる。肉は食用に、皮はくつやかばんなどの服飾品などに利用される。

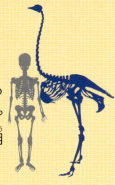

鳥の中で一番大きな卵を産むよ。

首の骨

椎骨がいくつもつながった、細くて長い首。柔軟に動かすことができる。

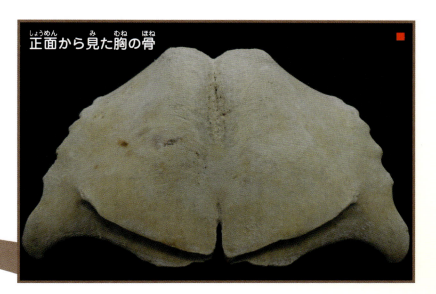

正面から見た胸の骨

胸の骨

飛ぶ鳥には、はばたくときに使う筋肉がつく竜骨突起というでっぱりがある（→34、40、134ページ）。しかし、この鳥のように、走る鳥にはふつう竜骨突起が発達していない。

あしの骨

大腿骨には走るための強力な筋肉がつくことから、太くなっている。また、鳥はヒトのすねの骨（脛骨）と足首の骨（足根骨）にあたる骨がくっつき、1本の脛足根骨となっている。この脛足根骨が長い。

■＝岐阜県博物館蔵

A 体と生態のふしぎ

ダチョウ

ダチョウは、おもにアフリカのサバンナという草原などに、1羽のおすと数羽のめすで群れをつくってくらしています。鳥の中では最大で、またもっとも大きな卵を産むことでも知られています。「飛ばずに走る鳥」の代表的なもので、敵におそわれると、強力な筋肉のついたあしで、時速60kmもの速さで走って逃げたり、敵をけったりします。

写真提供：九州自然動物公園アフリカンサファリ（現在飼育されていません）

翼を広げるダチョウ なわばりを示すときや、敵をおどかすとき、めすへプロポーズするときなどに翼を広げる。この行動をディスプレイという。また強い日ざしからひなを守るために、翼を広げることもある。

羽毛

ひなのときは、おす・めすともに茶色だが、大人になると、おすの羽は全体が黒く、翼と尾の部分が白くなる。めすは大人になっても全体的に茶色っぽい色をしている。

ダチョウ

あし

羽毛がなく、皮ふにおおわれている。皮ふの下には発達した筋肉と腱がある。2本の指のうち第三指に大きなつめがある。

鳥類最速のランナー 敵が近づくと、走って逃げる。時速60kmで10分間も走ることができるといわれ、最高で時速70kmにもなる。走りながら方向を変えるとき、翼をかじのように使うことがある。

⚠ ダチョウのめすは、ふつう一定期間に2日に1個の割合で卵を産む。

ほぼ実物大のダチョウの卵

頭
体のわりに小さいが、眼は大きい。視力や聴力が発達していて敵が近づくとすばやく気づく。また、幅の広いくちばしは、草をちぎるのに適している。

首
すんでいる場所によって、首の色が違い、レッドネック系とブルーネック系の2つに大きく分けられる。

ダチョウの産卵と抱卵

ダチョウは、鳥の中でもっとも大きな卵を産みます。その大きさは15〜20cm、重さ約1.5kg、殻の厚さは2mmもあります。ダチョウは、1羽のおすが群れの中の複数のめすと交尾します。卵はすべて一番強いめすの巣に産み落とされ、おすと一番強いめすの2羽だけが、交代で卵を抱いて世話をします（抱卵）。強いめすは、自分の卵のまわりにほかのめすの卵を並べることで、自分の卵が敵に食べられる確率を低くしていると考えられます。

ダチョウのひな ひなの羽毛は、地面にまぎれやすい茶色で、保護色になっている。

走る鳥の仲間

ダチョウのほかにも、南半球には飛ばずに走って移動する鳥が見られます。南アメリカにすむレア、オーストラリアやニュージーランドなどにすむエミューやヒクイドリなどです。飛ばない鳥が特に南半球に多いのは、天敵となる大型の肉食動物がいないためと考えられています。しかし、これらの鳥の数は年々減っており、その保護がさけばれています。

えさを食べるダチョウ 長い首を下に曲げて地面の草や種、葉、実を食べる。植物を好むが、雑食性で虫やトカゲも食べる。

写真提供：よこはま動物園ズーラシア
エミュー オーストラリアの草原や、乾燥した土地にすむ。あしには3本の指がある。

キーウィ ニュージーランドの国鳥。果物のキウイフルーツは、この鳥に形が似ていることから、その名が付いた。

 ニワトリやアヒルは食用にするために肉がつきすぎてあまり飛べない。

ホネほね、何の骨？

長い体をくねらせて歩く動物は何!?

乾燥した草原や森林、海岸などでくらす動物です。骨を見ると、頭には大きな穴がたくさんあいており、口には同じ形のとがった歯が並んでいます。首や胴の骨は太くてがっしりしており、とても長い尾にも大きな突起がたくさんついています。また、太くて短いあしが、長い体を支えています。
さて、この骨の動物は何でしょう？

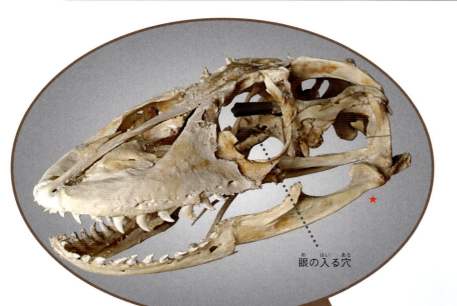

背骨
首から胴、尾にかけて多くの椎骨が連なり、体を左右にくねらせて前へ進む。

眼の入る穴

頭の骨
眼の入る大きな穴があり、その後ろには、かむ力を生む筋肉をおさめる穴がある。歯はすべて牙のように鋭くとがり、ふちがギザギザしている。

頸肋骨

首の骨
ほ乳類などと異なり、首の骨にも恐竜（→90ページ）と同じような肋骨（頸肋骨）がある。

データ
- ■分類　は虫類
- ■分布　インドネシアのコモド島および周辺の島（小スンダ列島）
- ■全長　2～3m
- ■メモ　体重約70kg。最大で全長3.13m、体重166kgという記録がある。

あしの骨

前あし、後ろあしともに前方を向く。それぞれ5本の指があり、鋭いかぎづめがついている。

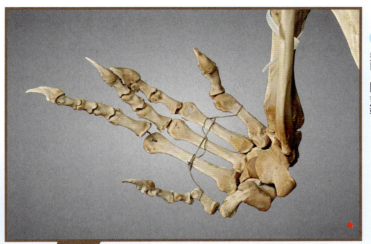

棘突起

横突起

尾の骨

根元が太く、先にいくほど細くなっている。それぞれの椎骨に横突起と棘突起があり、尾を動かす強い筋肉がつく。

肋骨

胸の部分の肋骨は、オオサンショウウオなどの両生類よりも長い。胸骨とくっついてかごのような胸郭をつくり、内臓を守っている。また、胸の部分だけでなく腰の近くまで肋骨がある。

同じ仲間の中でいちばん大きいよ。

上から見た全身の骨

胴体から水平に4本のあしが出ているが、ひじとひざをほぼ垂直に曲げて地面にあしをつく。

★＝恩賜上野動物園蔵

A 体と生態のふしぎ

コモドオオトカゲ

コモドオオトカゲは、4000種以上いるトカゲの仲間の中で、世界最大といわれています。完全な肉食で、おもに昼に活動し、鋭いかぎづめと強力なあごで、昆虫や小動物から、野生のブタや家畜のスイギュウなどの大型動物までおそって食べます。生息地のコモド島などには天敵となる大型動物がおらず、ときにはヒトまでおそわれることもあります。

スイギュウを食べるコモドオオトカゲ 強いあごとふちがギザギザしている歯で、肉や骨をかみ砕いて丸飲みする。とらえた生きたもののほか、死んで腐った動物の肉も食べる。

皮ふ かたくて厚く、全身が小石状のうろこでおおわれている。気温によって体温が変わるため、日光を浴びたり日陰に入ったりして体温を調節する。

くち あごを大きく開いて大型動物などにかみつく。最近の研究では、歯の間に複数の毒管があり、何度もかみつくうちにえものの体内に毒を流しこむと考えられている。

コモドオオトカゲ

トカゲの仲間

トカゲの仲間は、熱帯地方から温帯地方にかけて広く見られます。全身が丈夫なうろこでおおわれているため乾燥に強く、多くは小型で日中に虫などをとらえて食べます。すんでいる場所は地上や木の上、地中、砂漠など、種類によってさまざまで、それぞれの環境に合わせて、変わった姿や生態をもつものも多くいます。日本にはニホントカゲやニホンヤモリなど25種がすんでいます。

ニホントカゲ 全長20〜22cm。日本各地でよく見られ、危険を感じると尾を切り落として逃げる（写真円内）。

ニホンヤモリ 全長10〜14cm。家のまわりにすみ、おもに夜に活動する。指の腹に細かい毛がたくさん生えており、家の壁などを登ることができる。

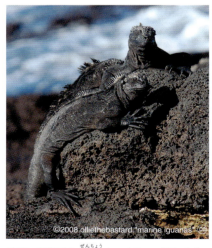

ウミイグアナ 全長1〜1.5m。ガラパゴス諸島にすむ泳ぎの得意なトカゲ。20分も海にもぐることができ、海藻をとって食べる。

⚠ 胴回りや体重ではコモドオオトカゲがトカゲの中で最大だが、全長ではハナブトオオトカゲ（4m以上）のほうが長い。

舌を出すコモドオオトカゲ　舌の先は二叉に分かれており、ヘビ（→46ページ）のように、舌を使ってにおいを感じる。4km以上離れた腐った肉のにおいもかぎつけるといわれ、舌を出し入れしながらえものを探す。

めすをめぐって争うおす　子どもをつくる時期になると、めすをめぐっておす同士でけんかをする。後ろあしで立ち上がって、すもうのように組み合う。

イラスト：桝村太一

あし
太くて筋肉の発達したあしで大きな体を支える。体を左右にふりながら、短い距離なら時速18kmほどで走れる。

尾
強い筋肉がついており、武器として使われる。また後ろあしで立つときの支えにもなる。

かぎづめ
前後のあしとも5本の指に鋭いかぎづめがあり、これでえものをひきさいたり、木に登ったりする。

めすだけで子どもが生まれる!?

コモドオオトカゲのめすは、9月ごろに約30個の卵を産みます。卵は8か月ほどでふ化し、黄色い斑点模様のある体長40cmほどの子どもが生まれます。子どもは、鳥やほかの動物、また大人のコモドオオトカゲに食べられないように、生後しばらくは木の上ですごします。

ふつう、コモドオオトカゲはおすとめすが交尾して卵を産みます。しかし2006年、イギリスの動物園で、おすと交尾せずに産んだ卵から子どもがかえり、コモドオオトカゲがめすだけでも子どもを残すことがわかりました。

コモドオオトカゲの子ども　黄色い斑点模様は、成長するにつれて目立たなくなっていく。

写真提供：小宮輝之

コモドオオトカゲは、一度に自分の体重の8割ほどの重さのえさを食べる。

特集 骨格標本づくりにチャレンジ！
ニワトリの手羽先でつくってみよう！

ニワトリの手羽先は、ヒトのひじから指先の部分にあたります。鳥の仲間のニワトリとヒトとでは、指の数も形も大きく違いますが、共通する部分も見られます。手羽先は骨の数も少なく、つくりも単純なので、比較的簡単に骨格標本をつくることができます。

① 手羽先2つをよく火が通るまで焼く。

② 骨が外れないようていねいに肉を食べ、残った骨をさっとゆでる。

③ 鍋から出し、骨を折らないようにピンセットで残った肉をとる。

④ 2つの手羽先のうち、1つは関節を外してバラバラにする。

⑤ バラバラにしたほうの手羽先を、歯ブラシなどでよく洗う。

⑥ 入れ歯洗浄剤をとかしたぬるま湯に⑤を1日ひたし、水で洗う。

用意するもの
- 手羽先 2本
- フライパン
- 鍋
- ピンセット
- 使用済みの歯ブラシ
- ガラスびん
- 入れ歯洗浄剤
- アセトン
- ホットボンド
- 真ちゅう線
- 真ちゅう管（長さ3cm）
- ペンチ
- きり
- かざり台

※アセトンを使うときは、十分に換気をしてください。

⑦ ⑥が乾いたら、アセトンに1日ほどつけて脂を落とす。

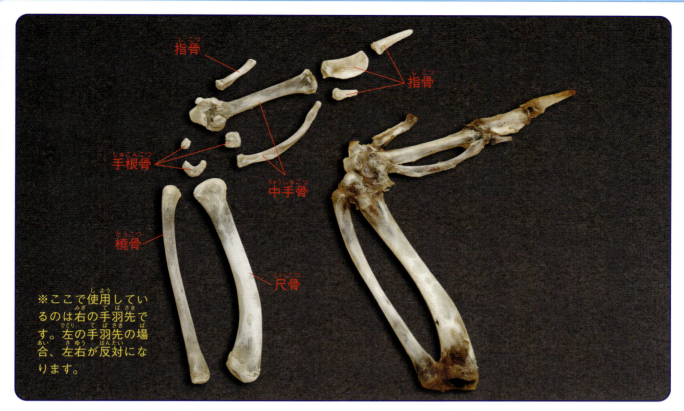

※ここで使用しているのは右の手羽先です。左の手羽先の場合、左右が反対になります。

⑧ ⑦を水で洗った後、よく乾かす。これとバラバラにしないでおいた骨を比べて、それぞれの骨の位置を確かめる。

⑨ 上の写真やもう1組の骨を参考に、指骨のほうから順にホットボンドで骨をくっつけていく。

⑩ すべての骨をつけたら、橈骨と尺骨をつないだ下部に、ペンチで真ちゅう線を巻き付ける。

⑪ かざり台にきりで穴をあけ、真ちゅう管を差しこんでホットボンドでとめる。

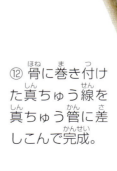

⑫ 骨に巻き付けた真ちゅう線を真ちゅう管に差しこんで完成。

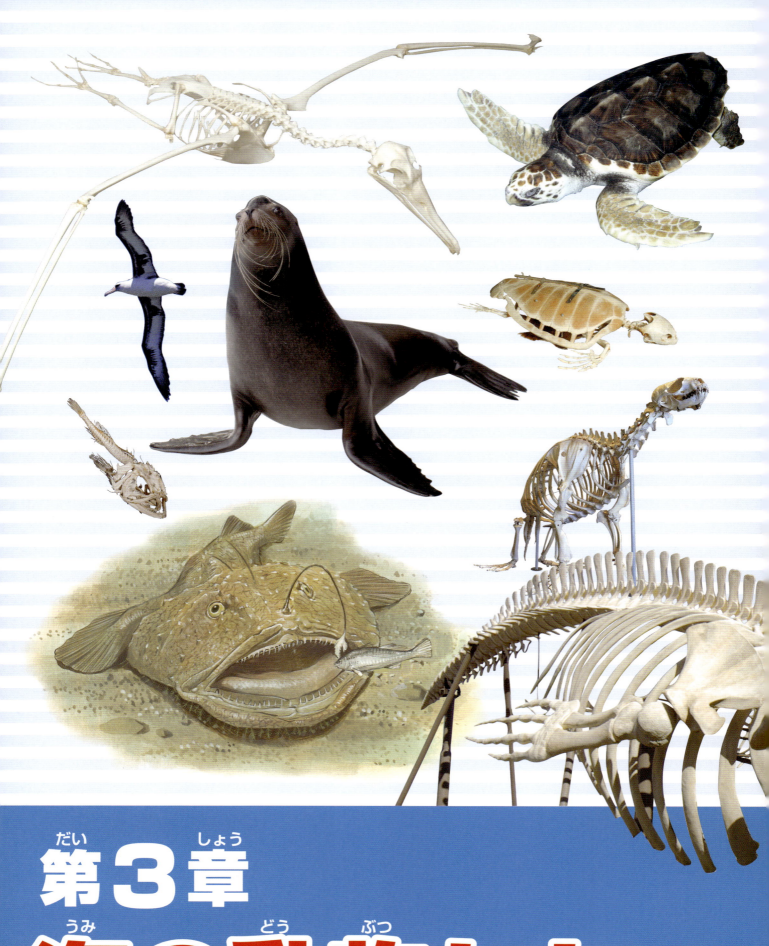

第3章
海の動物たち

Q ホネほね、何の骨？

陸でも水中でもすばやく動く動物は！？

北太平洋や、太平洋・インド洋・大西洋の南部の海辺にすむ動物です。骨を見ると、頭は前後に長く、がっしりとした首とつながっています。水をかきやすいように、あしは太く少し平らになっていて、指先が広がっています。特に前あしはよく動かすため、肩や胸の骨が発達しています。

さて、このような骨の動物は何でしょう？

頭の骨
前後に細長く、頭のてっぺんは平らになっている。眼が入る大きな穴が目立つ。前歯は退化して小さくなり、牙も奥歯も同じようなとがった形をしている。このため、魚などのえさをとらえるのには向いているが、かみつぶすのには適さない。

水族館や動物園でいろんな技を見せるよ。

首の骨
太く発達している。

胸の骨
太くがっしりとしている。泳いだり歩いたりするときに使う前あしの筋肉を支える。

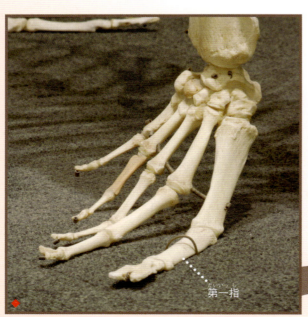

前あしの骨
上腕骨や橈骨、尺骨は太くて短く、指の骨は長くなっている。5本の指をもち、第一指（親指）が一番長く、第二指、第三指とだんだん短くなり、ひれのようになっている。

第一指

尺骨

前から見た全身の骨

陸上では、かかとをつけて歩く。クマに似た祖先から進化したと考えられている。

背骨
1つ1つの骨（椎骨）がゆるやかにつながっていて、柔軟に動かすことができる。

肩の骨
肩甲骨が大きく、前あしの動きをしっかりと支える。

肩甲骨
上腕骨
橈骨

後ろあしの骨
前あしと同じように指先は広がって、ひれのようになっている。あしを前後に動かすことができ、陸上では4本のあしを使って歩く。

◆＝神戸市立王子動物園蔵

データ

- **分類** ほ乳類
- **分布** 北太平洋東部
- **全長** 1.7〜2.2m
- **メモ** 体重100〜390kg。大人のおすは、めすよりとても体が大きく、体重が2〜3倍ほど違う。

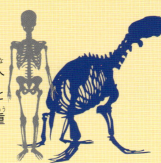

A 体と生態のふしぎ

アシカ 〈カリフォルニアアシカ〉

アシカの仲間は、オットセイやオタリアなど14種います。前ページの骨はカリフォルニアアシカのもので、陸上でも水中でもすばやく動くことができます。おす1頭、めす15〜16頭ほどの群れ（ハーレム）をつくってくらします。おすは鳴いたりほえたりして自分のなわばりを主張し、めすは鳴き声とにおいで群れの中から自分の子どもを見つけます。

魚をとらえるカリフォルニアアシカ 前歯も奥歯もとがっていて、魚をつかまえるのに向いている。つかまえた魚は、かみ砕かずに丸飲みにする。

眼
頭の上のほうについた大きな眼は、前をむいている。視力がよく、陸上でも水中でもよく見ることができる。

ひげ
ひげの根元には、神経が集まり、水中の音や振動を感じることができる。

前あし
ひれのようになっていて、水中で水をかいて進む。陸上では、外側にあしを広げて体を支えたり、歩いたりすることができる。

アシカの歩き方

アシカの仲間は、陸上で前あしと後ろあしの足首を曲げて、首でバランスをとりながら歩くことができます。体つきが似ているアザラシの仲間は、あしで立つことができず、胸と腰を上下に波うたせて、地面をはって進みます。これはアシカとアザラシの大きな違いの1つです。

アシカ
すばやく動くときは、両前あしを前に出して体を支え、両後ろあしをひきよせる。ゆっくり動くときは、右の前あしと左の後ろあし、左の前あしと右の後ろあしを順番に前に出す。

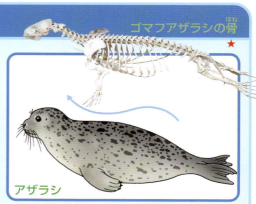

ゴマフアザラシの骨

アザラシ
上の骨を見てもわかるように、後ろあしで体を支えるようになっていない。胸と腰で交互に地面を押さえながら、体を上下に波うたせ、ほとんどおなかをすっている状態で進む。

日本の近海には、ニホンアシカという種がいたが、絶滅したと考えられている。

★＝神奈川県立生命の星・地球博物館蔵

耳
眼の後ろ側に耳たぶがあり、聴覚がすぐれている。体つきが似ているアザラシの仲間には、耳たぶはない。

写真提供：海遊館

カリフォルニアアシカ
写真提供：下関市立しものせき水族館「海響館」

水中を泳ぐカリフォルニアアシカ 泳ぐときには、前あしを左右同時に大きく水をかくように動かし、後ろあしはかじとして使う。また繁殖期には、おすは水中にもなわばりをもつことがあり、その中を泳ぎまわって、侵入者に対してほえる。

後ろあし
泳ぐときに方向を変えるかじのはたらきをする。陸上では、足首から先を前に向けて体を支える。

体
水の抵抗が少ない流線形をしている。皮ふの下に脂肪の層があり、浮力をつけるのに役立つ。この脂肪層と体毛が、水中で体温を保つ役割をする。

あしがひれのような動物の仲間

アシカのように、ひれのようなあしを使って泳ぐほ乳類の仲間に、アザラシやセイウチがいます。これらの動物は、食べ物をとるのは海の中で、子どもを産んだり、乳をあげるのは陸上や氷の上で行うのが特徴です。

タイヘイヨウセイウチ 太平洋の北にあるベーリング海やチュコト海などの寒冷な海にすむ。おすは体長3m、体重1トンを超える。おすもめすも長い牙をもち、おすは平均55cm、めすは平均40cmになる。前あしのひれも使いながら、おもに後ろあしを上下に動かして泳ぐ。

ゴマフアザラシの子ども 成長が早く、生まれて数週間たつと自分で生活するようになる。アザラシは前あしは使わずに、左右の後ろあしを上下に動かして泳ぐ。

写真提供：伊豆・三津シーパラダイス

カリフォルニアアシカは、ふつう海中約70mまでもぐるが、最大で深さ274m、長さ約10分ももぐった記録がある。

Q ホネほね、何の骨？

大きくて魚みたいなほ乳類は何だ!?

世界中の海を移動してくらす動物です。骨を見ると、前に長くのびた頭が目立ちます。大きな口の中には、歯がありません。背骨はたくさんの椎骨がつながってできており、自由に動かすことができます。また、大きな体にしては、前あしが短く平らになっており、ひれのような形をしています。

さて、こんな骨をもつ動物は何でしょう？

頭の骨

頭の上の真ん中には鼻の穴があいている。大きな口には歯がなく、あごの骨はゆるやかに曲がっている。上から見ると、下あごの骨は上あごの骨より大きい。

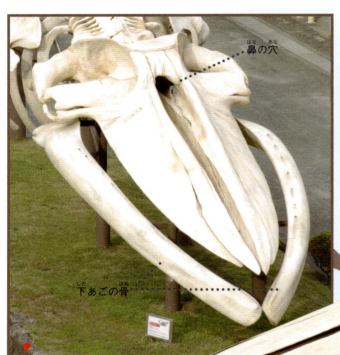

鼻の穴
下あごの骨
上あごの骨

データ

- **分類** ほ乳類
- **分布** 世界中の海
- **全長** 24〜27m
- **メモ** 体重130〜150トン。最大で全長33.6m、体重約190トンのものが確認されている。おすよりもめすのほうが平均して1.3mほど大きい。

オキアミなどのプランクトンをよく食べるよ。

◆＝太地町立くじらの博物館蔵

背骨

たくさんの椎骨が、ゆるやかにつながっている。椎骨の1つ1つに棘突起と横突起があり、強い筋肉がつく。泳ぐときに強い力を生み出す。

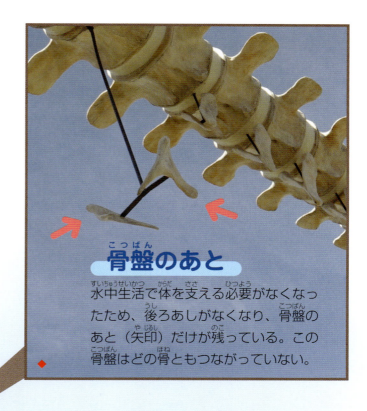

骨盤のあと

水中生活で体を支える必要がなくなったため、後ろあしがなくなり、骨盤のあと（矢印）だけが残っている。この骨盤はどの骨ともつながっていない。

尾の骨

尾の椎骨にも棘突起と横突起があるが、先のほうにはそれらの突起がない。

前あし（胸びれ）の骨

上腕骨は太くて短い。橈骨と尺骨は、平らになっている。指の骨は、ヒトやほかのほ乳類では、1本につきふつう3個だが、この動物では最高8個もある。

（尺骨／棘突起／横突起／橈骨／上腕骨）

横から見た全身の骨

体全体は、水の抵抗が少ない流線形をしている。

首の骨

7つの短い椎骨があり、ゆるやかにつながっている。

胸の骨

背骨から左右に出る肋骨のほとんどは腹側でつながっていない。一番上（前）の肋骨だけが、のびてくっつき胸の骨となっている。

A 体と生態のふしぎ

クジラ ＜シロナガスクジラ＞

クジラの仲間は約80種おり、歯があるハクジラの仲間（→122ページ）と歯のかわりにひげをもつヒゲクジラの仲間に分かれます。前ページの骨は、ヒゲクジラの仲間のシロナガスクジラのものです。群れはつくらず、だいたい1頭で行動し、夏は極地に近い寒い地方の海でオキアミなどをたくさん食べ、冬は暖かい地方の海で子どもを産みます。

●＝写真提供：財団法人日本鯨類研究所

セミクジラ（左）とイワシクジラ（右）の潮吹き クジラの「潮吹き」は、クジラが鼻から出す息である。息にふくまれた水分や、まわりの海水が息といっしょに吹き上がって白く見える。クジラの種類によって鼻の穴の数や位置などが違うので、潮吹きの見え方が変わる。

鼻
鼻の穴は頭の上にあり、水の中でも呼吸がしやすい。水にもぐるときには、ふたをする。においを感じることはほとんどない。

口

上あごには「くじらひげ」という細い毛でふちどられたかたい板が何枚もある。くじらひげで、えさをこしとって食べる。

眼

体の大きさに比べ、とても小さい。視力はあまりよくなく、近くしか見えないと考えられている。

ミンククジラのくじらひげ くじらひげ（矢印）は、上あごの歯ぐきの皮ふが、かたくなってのびたもので、ヒトの髪の毛やつめと同じ角質でできている。

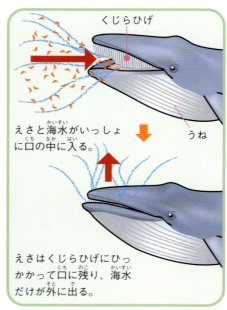

えさと海水がいっしょに口の中に入る。

えさはくじらひげにひっかかって口に残り、海水だけが外に出る。

くじらひげ

うね

シロナガスクジラのえさのとり方 下あごからおなかにかけて「うね」という皮ふのひだがある。このうねを広げてプランクトンなどのえさを大量の海水ごと口に入れる。次に舌を上にあげながら口を閉じていくと、くじらひげにえさがひっかかって口の中に残り、海水だけが外に出る。

ヒゲクジラの仲間も、母親のおなかの中にいるときは歯があるが、生まれるころにはなくなっている。

皮ふ

皮ふには、ほとんど毛がない。ヒゲクジラの仲間の頭には、水の流れを知るための毛がある。また、皮ふの下には厚い脂肪の層があり、体温を保つのに役立つ。

背びれ

背びれは、皮ふがのびたもので骨はない。方向を安定させるのに役立つ。

フジツボをつけたコククジラ　大きなクジラの皮ふには、年をとるにつれてフジツボやクジラジラミという寄生虫がつく。

尾びれ

皮ふが左右に張り出している。背中につく筋肉で上下にふり、前に進む力を生み出す。

シロナガスクジラ
撮影協力：国立科学博物館

前あし（胸びれ）

前あしは胸びれとなっている。方向を変えるかじのようなはたらきをする。

ザトウクジラのブリーチング　海面上に体のほとんどをだし、ひねって背中から落ちる。これをブリーチングという。若いザトウクジラがよく行うが、どうしてやるのかはわかっていない。

集団で魚を追いこむザトウクジラ

ヒゲクジラの仲間は、さまざまな方法でえさをとります。ザトウクジラの場合は、魚の群れがいるところに、何頭かが集まり、水中で息を吐いて空気の泡で壁をつくりながら、海面に近づきます。魚が泡の壁で逃げられず集まったところで、その群れの下から大きな口をあけて浮かび上がり、魚を飲みこみます。この方法をバブルネット・フィーディングといいます。

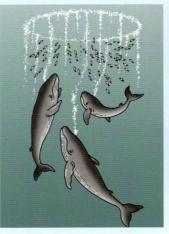

バブルネット・フィーディング（左・上）
2頭からときには25頭もの大きな集団で魚をとる。

クジラの仲間は、ほかのほ乳類と同様に首の椎骨は7個あるが、種類によって数個がくっついていることがある。

特集 歯をもつクジラの骨、大集合！
骨から見るハクジラの仲間

歯のあるハクジラの仲間は約70種おり、クジラ全体の9割を占めます。その中にはイルカやシャチもふくまれており、ほとんどが小型のものです。ハクジラの頭には音波を出すメロンという器官があるため、シロナガスクジラなどのヒゲクジラの仲間と比べて、頭の骨の形が大きく違います。いろいろなハクジラの仲間の骨を見てみましょう。

ハクジラとヒゲクジラの比較

種類	種数	大きさ	おもなえさ	おもな特徴
ハクジラ	71	小型	イカ、魚など	歯がある。鼻の穴は1つ。頭の骨の上部がへこむ。
ヒゲクジラ	14	大型	オキアミなど	歯はなく、くじらひげがある。鼻の穴は2つ。頭の骨の上部がふくらむ。

ハンドウイルカ

熱帯から温帯の海で広く見られる。くちばしは太くて短く、円すい形の歯でイカや小魚をとらえて丸飲みする。イルカに限らず、ハクジラの歯は前歯も奥歯も同じ形をしている。ふつう、体長4m以下のハクジラをイルカと呼んでいる。

ハンドウイルカの頭の骨

マッコウクジラ

体長15m以上にもなる最大のハクジラ。頭の骨は全体の3分の1を占め、頭部にメロンの機能をもった鯨蝋という脂肪のかたまりがあるため、大きくへこんでいる。鯨蝋をおもりにして水深3000mまでもぐることができる。上あごに歯はない。

神奈川県立生命の星・地球博物館蔵

イッカク

北極圏の海にすむ。上あごに左右一対の歯がある。おすは左側の歯がらせん状にねじれながら成長し、角のように突き出る。突き出た歯は最長3mにもなり、めすをめぐる争いに使われると考えられている。

写真提供：鳥羽水族館

スナメリ

アジア沿岸にすむ、体長約2mの最小クラスのクジラ。体に対して前あし（胸びれ）が大きく、背びれはない。ごく短いくちばしと小さなへら状の歯をもち、えものを吸いこむようにしてとらえる。

海にもぐるマッコウクジラ　　写真提供：小林修一

クジラのエコーロケーション

ハクジラはコウモリ（→16ページ）と同様に、自分の鳴き声がものにぶつかってはねかえった音を聞いて、周囲の様子やえものの位置を知ることができます。これをエコーロケーションといい、頭にあるメロンが重要な役割を果たしています。メロンは脂肪のかたまりで、鼻から肺に通じる鼻道の一部をふるわせて出した音を、大きくして前に発射するはたらきがあります。反射してきた音は、下あごの骨を通って耳に伝わります。

エコーロケーションのしくみ

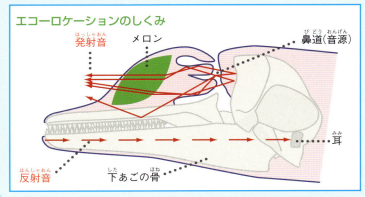

★＝千葉県立中央博物館蔵

Q ホネほね、何の骨？

あおむけで海面に浮かぶ動物だれだ!?

千島列島からアラスカ南西部にかけての寒い地方の海にすみ、海面にあおむけになって浮かぶ動物として知られています。骨を見てみると、頭は前後に長く、口には鋭い牙と丸みのある奥歯をもっています。背骨は胸より腰の部分が太く、後ろあしも前あしより大きく太くなっています。

さて、こんな骨をもつ動物は何でしょう？

頭の骨

長くて丸みのある頭をもち、上下のあごには鋭い牙と丸みをおびた奥歯がある。かむ力が強く、奥歯でカニのかたい甲羅もかみ砕いて中身を食べる。

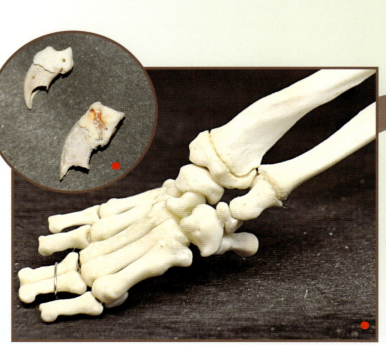

前あしの骨

あしの先に指が5本あるが、小さくて短い。指先のつめ（左上）は、ネコのつめと同じように指の中に出し入れできるようになっている。

データ

- ■ **分類** ほ乳類
- ■ **分布** 北太平洋沿岸部
- ■ **体長** 50〜130cm
- ■ **メモ** 毛皮が高く売れたため、1900年代初めに絶滅の危機となった。その後、国際的に保護されるようになり、生息数が増えたものの、依然として絶滅が心配されている。

> 海の幸が大好き！かたい貝殻もわって食べるよ。

背骨
胸から腰に向かって太くて大きくなっている。腰につく強力な筋肉で水かきのある後ろあしを動かし、水をかいて泳ぐ。

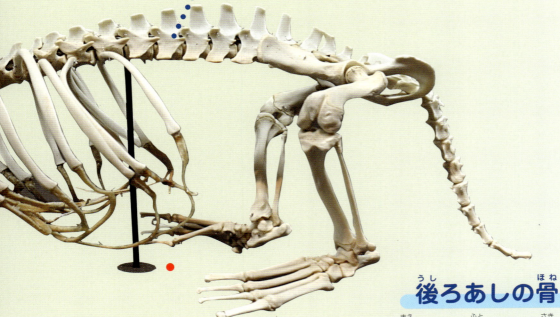

後ろあしの骨
前あしより太いあしの先には5本の指があり、第一指（親指）から第五指（小指）のほうにいくほど長くなっている。

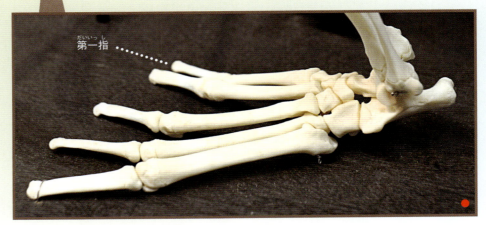

第一指

●＝伊豆・三津シーパラダイス蔵

A 体と生態のふしぎ

ラッコ

前ページで骨を紹介したラッコはイタチの仲間で、コンブやジャイアントケルプなどの海藻が生えた浅い海でくらしています。一生の大半を海ですごし、陸へ上がることはあまりありません。ふだん、おすは、めすや子どもの群れと別にくらしています。しかし、夏から秋までの繁殖期には、おすたちはめすの群れを囲んでなわばりをつくり、めすを奪い合います。

写真提供：鴨川シーワールド

貝を石で割って食べるラッコ 海にもぐり、貝やイカ、カニなどをとって食べる。かたい貝殻は、腹の上にのせた平らな石に打ちつけて割って中身を食べる。冷たい海中でくらすため、1日に体重の20〜25％もの量のえさを食べ、そのエネルギーで体温を高く保つ。

耳・鼻・眼
耳は、陸上では立てているが、水中では水が入らないようにたおして穴をふさぐ。鼻の穴を閉じることもできる。視覚や嗅覚（かぐ力）も発達している。口ひげの感覚も鋭く、えものを探すのに役立つ。

前あし
前あしの裏には毛がなく、でこぼこしている。長いつめでものをつかみ、両方の前あしでものをはさんでもつことができる。

ラッコ

肺
海に深くもぐってえものをとることが多いので、海辺でくらすほかの動物よりも、肺が大きく発達している。

寝るときも休むときも水の上
寝るときや休むときには、前あしや後ろあしの毛のない部分を水の上に出して冷えないようにする。海上では波で流されないように、海藻をおなかに巻いて寝る。すむ場所によっては陸上で寝ることもある。

昔は北海道にもたくさんラッコがいて、「ラッコ」という名前もアイヌ語に由来するといわれる。

おなかの上で子育てするめす

陸上で子育てするアシカやアザラシなどと違い、ラッコのめすは海の上で赤ちゃんを産み、子ども（矢印）が毛づくろいを覚えるまで自分のおなかの上で育てる。

写真提供：伊豆・三津シーパラダイス

体毛

1つの毛穴から、ガードヘアーという1本のかたくて長い毛と、アンダーファーという約70本の綿のような毛が生えている。アンダーファーの間に空気をためることで、水に浮きやすくなり、また体温を保つこともできる。そのため、もぐった後や食事の後には毛をきれいにして乾かす。

©2005. robartesm "Sea otter diving" CC

泳ぎの上手なラッコ 体を上下にくねらせ、前あしと後ろあしで水を後ろにかいて泳ぐ。特に後ろあしの力が強く、指の間にある水かきで水をけって前へ進む。

写真提供：伊豆・三津シーパラダイス

後ろあし

指の間には水かきがあり、ひれのような形になっている。陸上ではしゃくとり虫のように両前あしと両後ろあしをそろえて、体を上下に動かして前に進む。あまりすばやい動きはできない。

ラッコの仲間!?

ラッコは、海辺にすんでいますが、アシカ（→116ページ）やアザラシと違って、カワウソやスカンク、アナグマなどと同じイタチの仲間です。英語では「海のカワウソ」と呼ばれています。カワウソの仲間は、ラッコと同じように川など水の中でえさをとりますが、陸上で子どもを産み、すばやく動くこともできます。

写真提供：姫路セントラルパーク

コツメカワウソ 南アジアから東南アジアの川や湖、沼など淡水にすむ最小のカワウソ。貝やカニなどを食べる。

⚠ ウニをたくさん食べるラッコの中には、骨がウニの殻の色（紫）に染まっているものもいる。

Q ホネほね、何の骨？

大海原を泳ぐ、甲羅のある動物なあに！？

熱帯から温帯までの海でくらす動物です。めすは、卵を産むために陸に上がってきます。骨を見ると、頭は丸くて大きく、眼の後ろから少しふくらんでいます。背骨や肋骨は、盛り上がったすべすべとした甲羅でおおわれています。前あしと後ろあしは平らで、指の骨はそれぞれ長くのびています。
この骨は、どんな動物のものでしょうか？

データ
- **分類** は虫類
- **分布** 太平洋、大西洋、インド洋の熱帯から温帯の海域、地中海
- **甲長** 69〜110cm
- **メモ** 大人になるまでに20〜30年かかるといわれる。

首の骨
8個の細い椎骨が連なっている。陸にすむ仲間の多くは、首の骨を折りたたんだり、曲げたりして頭を甲羅の中にひっこめることができる。しかし、海にすむものは完全にひっこめることはできない。

第一指

頭の骨
ヘルメットのような丸い形をしている。上下のあごに歯はなく、先のとがったくちばしのようになっている。両眼の間は骨でしきられていない。

> めすはきれいな砂浜で卵を産むよ。

前あしの骨
5本の指をもち、どの指も長い。第一指（親指）は少し太めで短く、第二指（人さし指）から第五指（小指）までは細く長く、全体としてオールのようになっている。

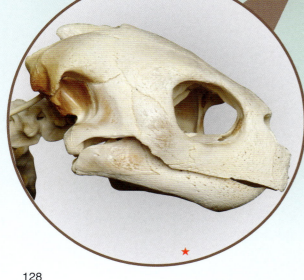

甲羅

背中側の甲羅を背甲、腹側の甲羅を腹甲という。ヒトのつめのような角質でできている。背甲は、背骨とくっついていて中の内臓を守っている。ところどころにすき間があり、体を軽くしている。

後ろあしの骨

第三指

前あしより小さく、指も細い。指は5本あり、第三指（中指）が一番長くなっている。

腹側から見た全身の骨

腹側から見ると、背甲が背骨や肋骨とくっついていることがわかる。

肋骨
背骨

腹甲

腹甲は、腹側から内臓を守る役目を果たしている。

★＝神奈川県立生命の星・地球博物館蔵

A 体と生態のふしぎ

ウミガメ〈アカウミガメ〉

ウミガメの仲間は世界で7種類が知られていて、日本近海では6種類が見られます。前ページで骨を紹介したアカウミガメも、その一種です。ウミガメは、めすが産卵のため陸に上がるほかは、一生の大半を海の中ですごします。舟のオールのような前あしや後ろあしで水をかいて泳ぎ、かたいくちばしで貝やヤドカリなどを食べてくらしています。

水面に顔を出すアカウミガメ
ウミガメは水中生活に適した体つきをしているが、肺で呼吸しているため、水面に出て息つぎをしなければならない。

尾 おすの尾は長く、めすの尾は甲羅にかくれるほど短い。

後ろあし 泳ぐとき、舟のかじのように進む向きを変える役割をする。

前あし オールのようなあしで、はばたくように水をかいて泳ぐ。おすには大きなつめがあり、交尾のときにめすの甲羅にひっかけて姿勢を安定させる。

アカウミガメ
写真提供：下関市立しものせき水族館「海響館」

アカウミガメの産卵と成長

アカウミガメのめすは、5月～8月中旬の夜、宮城県より南の太平洋岸へ上陸し、砂の中に100～150個ほどの卵を産みます。約2か月後にふ化した子ガメは、鳥などの天敵の少ない夕方から夜にかけて、いっせいに海へと向かいます。子ガメたちは太平洋をアメリカ沿岸まで横断して成長し、20～30年後に再び日本へもどってきます。

写真提供3点とも：御前崎市教育委員会

めすは、海水のとどかない砂浜に後ろあしで穴を掘って産卵する。

ウミガメは、体の中の不要な塩を眼のところにある塩類腺から外に出す。そのため涙を流しているように見える。

日本は北太平洋で、たった1つのアカウミガメの産卵地である。

甲羅
表面は皮ふがつめのようにかたく角質化したもの。六角形の角質の板がうろこのように並んでいる。

口
歯はないが、がんじょうなくちばしをもつ。かむ力が強く、おもに海の底の貝やヤドカリなどを食べる。

眼
大きな眼をしており、水中での視力はよい。しかし、陸上での視力はあまりよくない。

海を泳ぐアオウミガメ ウミガメの仲間は、陸にすむリクガメの仲間と違い、首やあしを甲羅にかくすことはできない。甲羅に身をかくすよりも、水中をすばやく泳いで逃げることで身を守る。そのため、甲羅は水の抵抗の少ない流線形で、体が全体的にリクガメより平たい。

陸や池などにすむカメ

カメの仲間には、ウミガメのほかに、川や池など水辺にすむカメや、ほとんど陸上だけでくらすリクガメがいます。リクガメのあしはがっしりとしていて、短い指には大きなつめがあり、陸上で重い体を支えられるようになっています。水辺にすむカメは、リクガメに比べてあしは細く、長い指の先には小さなつめがあります。また、指の間には水かきがあり、水中と陸上のどちらの生活にも適した体をしています。

クサガメ 日本では本州、四国、九州の川や池などで見られる。巻貝やカニ、藻などを食べる。

甲羅に首をひっこめた姿。こうして身を守る。

ガラパゴスゾウガメ ガラパゴス諸島にすむ世界最大のリクガメ。甲長130cm、体重130kgにもなる。草や葉、サボテンを食べる。

生まれたばかりの子ガメは甲長約5cm。

カメもほかのは虫類と同様に脱皮し、頭やあし、尾だけでなく、種類によっては甲羅からも古い皮ふがはがれる。

特集 泳ぎのうまい動物たち
骨の形と動物たちの泳ぎ方

海や川を泳ぐのは魚や両生類など、水中生活をする動物に限ったことではありません。ほ乳類や鳥類の中にも、水中でのくらしに適した体をもち、ひれや舟のオールのようなあしを使って泳ぎ回るものがいます。

それらの動物の骨や体は、泳ぐためにどんなつくりになっていて、どれくらいの速さで泳ぐのか、比べてみましょう。

マアジ
北太平洋に分布し、日本近海にもすむ魚。おもに体の後ろ側と尾びれを使って、時速6kmほどの速さで泳ぐ。群れで泳ぎ回って小魚やオキアミ、イカなどを食べる。

ウシガエル
日本全国の水辺にすむカエルの仲間。後ろあしの骨がとても長い。指に水かきのついたその長い後ろあしで、水をけるように泳ぐ。時速1kmほどで泳ぎ、小魚やザリガニ、昆虫などを食べる。

カリフォルニアアシカ

北太平洋からオセアニアにかけての海岸にすむ。あしの骨が前後とも太くて平たく、指先が広がっている。ひれのような前あしを前後に動かし、時速30～40kmで泳ぐ。海中の魚やイカなどを食べる。

ハンドウイルカ

世界中の暖かい海にすみ、日本近海にも現れる。背骨についた強い筋肉で尾びれを上下に動かし、時速30kmほどで泳いで海中のアジやサバ、イカなどを食べる。

千葉県立中央博物館蔵

アカウミガメ

世界中のわりあい暖かい海にすみ、日本へも産卵におとずれる。あしの骨は前後とも平たく、指が長い。オールのように前あしで水をかき、後ろあしでかじをとって時速20kmほどで泳ぐ。貝やカニ、クラゲなどを食べる。

イワトビペンギン

写真提供：京急油壺マリンパーク

南極周辺にすむペンギンの仲間。ほかの鳥と違って骨が重く、ひれのような翼で海中をはばたくように泳ぐ。時速10kmほどで泳ぎ回り、魚やイカなどを食べる。

我孫子市鳥の博物館蔵

泳ぎ方の違いを比べてみよう

水中で生活する動物は、泳ぐのに適した体のつくりをしています。尾びれを動かして泳ぐもの、手あしをひれのように動かして泳ぐものなど、泳ぎ方はさまざまです。ここではおもに尾びれを使って泳ぐ魚とイルカの泳ぎ方を比べてみましょう。

魚の仲間は、体に垂直についた尾びれを左右に動かして水を後ろに押しのけ、その力で前へ進みます。一方、クジラやイルカの仲間は、体に水平についた尾びれを上下に動かし、水を後ろへ押しのけて前へ進みます。

上から見た魚の泳ぎ方　体に垂直についた尾びれを左右に動かして泳ぐ。

横から見たイルカの泳ぎ方　体に水平についた尾びれを上下に動かして進む。

Q ホネほね、何の骨？

風を上手に使って飛ぶ動物は何！？

南半球から北太平洋の海域でくらし、風を利用して飛ぶ動物です。風が吹きつける孤島に集まり、そこで卵を産みます。骨を見ると、頭は細長いくちばしをもち、眼が入る穴の上にはくぼみがあります。翼は体よりも長くて直線的な形をしています。あしやあしの指も細くて長く、指と指の間が広がっています。さて、この骨はどんな動物のものでしょう？

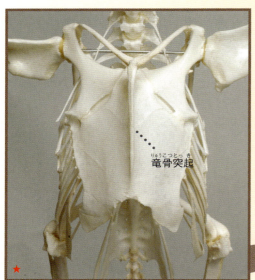

胸の骨
正面から見ると、正方形のような形をしている。真ん中には、翼を動かすための筋肉がつく竜骨突起というでっぱりがある。

竜骨突起

竜骨突起

鼻の穴

頭の骨
細長いくちばしは先が下に鋭く曲がっていて、海面にいるえさをつかまえるのに役立つ。眼の上のくぼみの部分には、塩類腺（→130ページ）があり、体内の塩の量を調節する。くちばしには、鼻の穴から先にみぞがある。

背骨
背骨の胸の部分（胸椎）は、いくつかの椎骨がくっついていて、あまり背中を動かせないようになっている。

正面から見た全身の骨

長い翼は、大きな揚力（体を押し上げる力）をつくり、ほとんどはばたかずに、長い時間飛ぶことができる。

横から見た全身の骨

翼の骨は、折りたたむと、上腕骨だけで胴体より長いことがわかる。

上腕骨

我孫子市鳥の博物館蔵

腰の骨

胸の後ろから尾の根元あたりの椎骨と骨盤がくっつき、軽くて丈夫な1つの骨になっている。

あしの骨

細く長い指が3本ある。地上で歩くのは苦手。

上腕骨

翼の骨

直線的で、細長い。飛ぶときは、上腕骨から指骨まで、ほぼまっすぐにのばして翼を広げる。

繁殖期のほかはほとんど海の上ですごすよ。

指骨

データ

- ■**分類** 鳥類
- ■**分布** 北太平洋の亜熱帯以北
- ■**全長** 80cm
- ■**メモ** 翼を開いたときの長さは約2m。産卵場所は、ハワイ諸島、小笠原諸島聟島など。

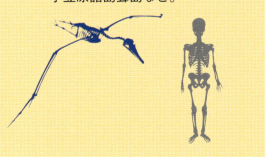

★＝神奈川県立生命の星・地球博物館蔵

A 体と生態のふしぎ

アホウドリ ＜コアホウドリ＞

アホウドリの仲間は沖合でくらす海鳥で、世界に14種ほどいます。ほとんどを海上でくらし、産卵や子育ての時期だけ島に集まります。大きな翼に風を受けて、はばたかずに長距離を速く飛ぶことができます。前ページの骨はコアホウドリのものです。日本でよく見られる3種のアホウドリのうち、一番小柄で、夜に海面のイカなどをとって食べます。

©2009.GregTheBusker." Yellow-nosed Albatrossf" CC

海面で休むキバナアホウドリ 卵を産む季節（繁殖期）のほかは、寝るときも海の上ですごす。水かきのついたあしで、水をかいて海面を進む。

鼻
体内の塩分を調節するため、くちばしの上部にある鼻の穴から、余分な塩を出す。濃い塩水はくちばしのみぞを通って先からたれる。また、においを感じる感覚がすぐれていて、えものをとるのに役立つ。

くちばし
かたくて、先が鋭く曲がっている。魚やイカなどを食べ、大きなえものをひきちぎることもできる。

求愛ダンスをするアホウドリ アホウドリは、夏の間、海で栄養を蓄えると、産卵をするために毎年決まった島に集まる。おすとめすは求愛のダンスをくり返し、2～3年かけてつがい（夫婦）となり、どちらかが死ぬまでつがいの関係は続く。またアホウドリは、たくさん集まって巣をつくる。これをコロニーという。

イラスト：桝村太一

> アホウドリ（種名）は、一度絶滅したと考えられていたが、1951年に再発見され保護されるようになった。

離陸するマユグロアホウドリ アホウドリの仲間は、斜面をかけおり、翼に強い風を受けて飛び立つ。また、着陸するときは、失敗して転んだり地面にぶつかったりすることがあるため、あしでブレーキをかけて速度を落としてから着陸する。

翼

細長い翼の先は、少しとがった形をしている。はばたかずに高速で、長距離を飛ぶことができる。また、翼をはばたかせる胸の筋肉はあまり発達していない。

あし

水かきのついたあしは、泳ぐときのほかに、着陸するまぎわに広げて、ブレーキとして使う。

コアホウドリ

鳥の飛び方

鳥の典型的な飛び方として、おもに2つの方法があります。1つは翼をはばたかせてできる気流で飛ぶ方法です。もう1つは翼を広げたままで、はばたかずに風の力を利用して飛ぶ方法です。アホウドリの仲間は、あまりはばたかず、海に吹く風を利用して、飛び立ったり滑空したりします。

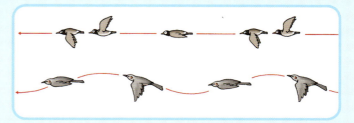

はばたいて飛ぶ 規則正しくはばたいて、まっすぐ飛ぶものや、はばたきの合間に休みを入れたり、滑空したりして、ジグザグに飛ぶものもいます。ほかにもはばたきながら、空中で同じ位置にとどまるホバリングという飛び方をする鳥もいます。

はばたかないで飛ぶ 翼を広げて、ほとんどはばたかずに風の力を利用して上昇したり、下降したりして飛ぶ。鳥の種類によって風の利用の仕方はさまざまである。

海鳥の仲間

海鳥とは、おもに海でくらす鳥のことです。アホウドリのように沖合にくらす鳥のほかに、岸の近くにくらす鳥もいます。えさのとり方も、海面近くだけでなく、海にもぐって魚をとるなどさまざまです。飛び方もいろいろで、アホウドリやカモメなどの海鳥は、よく滑空をします。しかし、ウミウやエトピリカなど、海にもぐって泳ぐ海鳥は、ふつうはばたいて飛びます。

カモメ（上） 海岸や島、港、河口で魚やカニなどを食べる。おもに風の力を利用して飛ぶ。

エトピリカ（左） 水中にもぐって魚などをとらえる。海面上の低いところをはばたいて移動する。

⚠ アホウドリは、1度に1つしか卵を産まないため、いったん数が減ると回復するのに時間がかかる。

Q ホネほね、何の骨？

冷たい海中を飛ぶように泳ぐ鳥は!?

南半球の寒い地方や、冷たい海流が流れこむ地域の氷の上や岩場、海岸などにすむ鳥です。えものをとりに海へ入り、産卵や子育ては陸の上で行います。骨を見てみると、とがったくちばしと、長い首をもっており、胸の骨は縦に長く真ん中が大きくでっぱっています。翼は、短くて太く、まっすぐで平らです。さて、このような骨の鳥は何でしょう？

データ

- ■分類　鳥類
- ■分布　南極大陸、南極圏の島々
- ■体長　85〜95cm
- ■メモ　体重14〜18kg。産卵は、南極から少し離れた島で行う。

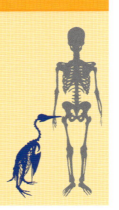

頭の骨

鋭くとがったくちばしをもつ。眼の上の部分にくぼみがあり、そこに塩類腺（→130ページ）がある。

胸の骨

大きく縦に長く、真ん中に竜骨突起という大きなでっぱりがある。突起には、翼をはばたかせる筋肉がつく。

竜骨突起

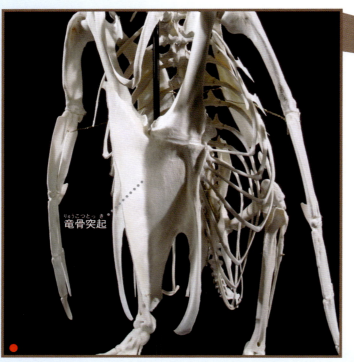

あしの骨

大腿骨と脛足根骨は体の近くにある。指は第一指（親指）から第四指（薬指）の4本。後ろに向いた第一指は退化し、とても小さくて短くなっている。ほかの鳥に比べて足根中足骨が短い。

「飛べないけど泳ぐことが得意だよ。」

翼の骨

飛ぶ鳥に比べて、骨の中身がつまっていて重い。太く丈夫で、平たく、ひれのようになっている。関節はほとんど曲がらない。

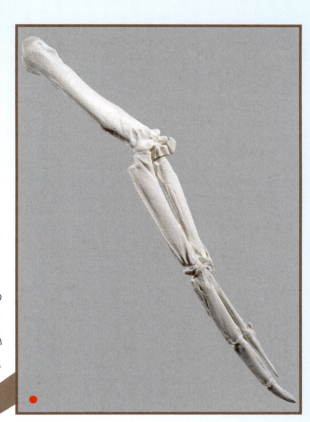

背骨

胸の部分（胸椎）はくっついており、あまり動かないようになっている。

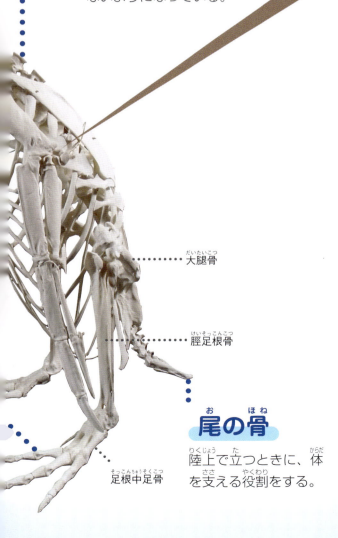

大腿骨

脛足根骨

尾の骨

陸上で立つときに、体を支える役割をする。

足根中足骨

後ろから見た全身の骨

肩の骨

肩甲骨は、縦に長く、下側は幅広い。翼を引き上げる強い筋肉がつく。

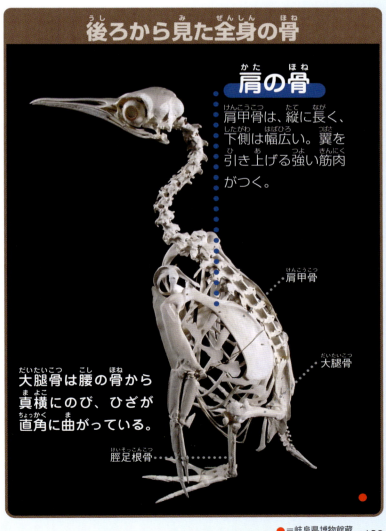

肩甲骨

大腿骨

大腿骨は腰の骨から真横にのび、ひざが直角に曲がっている。

脛足根骨

●＝岐阜県博物館蔵

A 体と生態のふしぎ

ペンギン ＜オウサマペンギン＞

ペンギンの仲間は17種ほどで、南極やニュージーランド、オーストラリアやアフリカの南部、ペルーやガラパゴス諸島などで見ることができます。体は流線形をしており、飛ぶかわりに、海の中をすばやく泳ぎます。陸上では、体をまっすぐ起こしてよちよちと歩きます。前ページの骨は、ペンギンの仲間の中で2番目に大きいオウサマペンギンのものです。

えものをとりに海に飛びこむアデリーペンギン 1羽のペンギンが飛びこむと、ほかのペンギンもいっせいに飛びこむ。海から上がるときもいっせいに上がってくる。これは集団で行動することで、アザラシやシャチがおそってきたときに、助かる確率を高くするためだと考えられている。

陸上のアデリーペンギン 陸上を移動するときは、氷の上を腹ばいになってすべったり（上）、一列になって歩いたりする。

眼
陸上でも水の中でも、はっきりとものを見られる。まぶたの下に、透明な膜があり、水の中で眼をおおって守る。

くちばし
暑いときは、くちばしをあけて呼吸を増やし、体温を下げようとする。また頭をふって、鼻の穴から体の中の余分な塩を出す。

羽毛
とても短い羽がすき間なく生えている。羽の下の部分は綿毛のようになっており、空気を蓄えることができる。

あし
あしの大部分は体の中にかくれ、体温が下がらないようにしている。足首の部分で、冷えた血を温めてから心臓にもどすようになっている。

★＝国立極地研究所

オウサマペンギン

熱帯にすむペンギンの仲間は、ガラパゴスペンギンしかいない。

泳ぐオウサマペンギン ペンギンは泳ぐのにとても向いた流線形の体つきをしている。オウサマペンギンは、昼は100〜300mまで海にもぐり、夜は浅いところで魚やイカなどをとる。オウサマペンギンには、深さ343m、約10分ももぐった記録がある。

写真提供：海遊館

翼（フリッパー）

ペンギンの翼をフリッパー（ひれ）ともいう。フリッパーをはばたかせて水中を泳ぐ。暑いときには、翼に風をあてて余分な熱を体から逃がす。

尾

付け根の部分に脂を出すところがある。その脂をくちばしで羽毛につけて、水をはじくようにしている。また、泳ぐときに、方向を変えるかじの役割をする。

コウテイペンギンの子育て

ペンギンの仲間はおすとめすのつがい（夫婦）が協力して子育てをしますが、種類によって卵を産む時期や育て方が違います。オウサマペンギンは11〜3月に卵を1つ産み、ひなが一人立ちするのに14〜16か月かかります。コウテイペンギンの場合には、気温がマイナス60℃にもなる南極で、3〜4月に繁殖地に集まります。めすは、6月にかけて卵を1つ産むと海へえものをとりにいき、おすだけで卵を温め、ふ化したひなを世話します。繁殖地についてから、めすがもどってくるまでの約115日間、おすは何も食べません。もどってきためすは、約24日間ひなを育て、おすとめすが交代で食べ物をあげるようになります。こうして、ふ化後約150日で、ひなが巣立ちます。

卵を抱くコウテイペンギン（左） 両あしの上に卵をのせ、皮ふのたるみをかぶせて卵を温める。卵からかえったひなは、最高約10日間おすが口から出す「ペンギンミルク」で育つ。

コウテイペンギンのクレイシ（上） ひながある程度大きくなったら、ひなだけを集めてクレイシ（共同保育所）と呼ばれる集団をつくる。たくさんのペンギンが集まって押し合うことで、体温が下がるのを防ぐ効果もある。

ペンギンミルクには、タンパク質や脂肪が多くふくまれており、それだけで体重が2倍になるまで育つことができる。

特集 いろいろな魚の骨がいっぱい！
ようこそ！骨の水族館へ

　各地の海には、さまざまな形や大きさの魚がすんでいます。中には「本当に同じ魚の仲間?」と思うようなふしぎな形のものや、ときには自分の姿を変えるものまでいます。大きさや形が違うということは、当然それぞれの骨格にも異なる特徴が見られます。
　それぞれの魚の骨には、どんな特徴があるか、骨の水族館を見てみましょう。

写真提供：下関市立しものせき水族館「海響館」

写真提供：鴨川シーワールド

トラフグ
北海道南部から中国までの海にすむフグの仲間で、体の一部に強い毒をもつ。頭の骨が大きいわりに、背骨が短い。肋骨がなく、敵におそわれるとおなかをふくらませておどかす。

オオウミウマ
伊豆半島から南の暖かい海にすむタツノオトシゴの仲間。体全体が甲板の輪でおおわれ、尾をサンゴや海藻などに巻き付け、じっと立ったままでくらしている。

チョウチョウウオ
房総半島から南の暖かい海にすむ。体全体がほぼ円形をしていて、横から押されたように平たい。細い糸のような歯をもち、海底のサンゴ礁や岩の間を泳ぎ回って海藻や小さな生きものを食べる。

イシガレイ
日本の千島列島より南や中国、朝鮮半島の岸近くの浅い海にすむカレイの仲間。体が平たく、背びれとしりびれが長い。眼は顔の右側にかたよっている。海底に体をひそませ、細い口をのばしてカニや貝などをとって食べる。

クロマグロ

北半球の海を泳ぎ回ってくらし、体長は3mになることもある。頭の骨や背骨はがんじょうで、尾びれの付け根にある椎骨がくっついているので、尾を左右に強くふって速く泳ぐことができる。

写真提供：海遊館

マダイ

北海道南部から東南アジアまでの海岸近くにすむタイの仲間。体全体がだ円形で、背骨はがっしりしており、尾びれを左右に強くふって泳ぐ。

ウツボ

本州中部から南の暖かい海にすむウナギの仲間。体が細長く、鋭い歯でタコなどをとらえて食べる。海の中の岩のすき間にすみ、そこから出入りするため胸びれや腹びれがなく、それを支える骨もない。

魚の形とすみかの関係

魚の形は、すむ場所やくらし方で大きな違いが見られます。例えば、海面の近くをすばやく泳ぐマグロやブリの体は、水の抵抗を少なくするために流線形をしています。また、海の中層から海底近くでくらすフグのような魚は、すばやく泳ぐ必要がないため、体の形が丸くなっています。ほかにも、ウツボは岩の間にすむため、形が細長く、カレイは海底の砂にもぐるため、体が平たいというように、それぞれがすむ場所に合った形になっているのです。

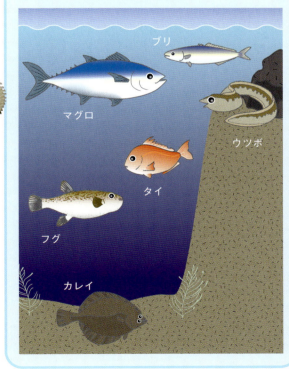

■＝千葉県立中央博物館蔵　★＝和歌山県立自然博物館蔵

Q ホネほね、何の骨？

大きな口の平たい魚だれだ!?

大陸のまわりに広がる「大陸棚」と呼ばれる深さ100〜200mの海底の泥や砂地で、体の右側を下にしてくらす魚です。骨を見てみると、体は全体的にとても平たく、眼の入る穴は2つとも頭の左側にあります。口は大きく、上下のあごには鋭い歯が並んでいます。また、長い背びれとしりびれが目立ちます。
さて、これは何という魚の骨でしょうか？

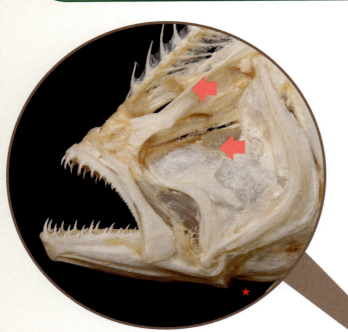

頭の骨

眼の入る穴が2つとも頭の左側に片寄ってついている（矢印）。口は大きく、上下に並ぶ鋭い歯は奥のほうへそっているため、かまれたえものは逃げにくくなっている。

頭の骨の右側

頭の骨の右側には、左側にあるような眼の入る穴が見あたらない。

背びれ

頭部から尾びれの付け根まで、鰭条と呼ばれるすじ状のとげがたくさん並んでいて、それぞれの鰭条は細い骨で背骨とつながっている。鰭条の数は、水温の高い場所で育ったものほど多いといわれている。

鰭条

腹椎

肩甲骨

胸びれ

鰭条と呼ばれるすじ状のとげが並んでいて、肩甲骨など肩にあたる骨で支えられている。

生まれたばかりのころは平たくないよ。

データ

- ■分類　魚類
- ■分布　日本各地の沿岸、北極海、インド洋、太平洋、大西洋
- ■全長　70〜80cm
- ■メモ　高級食材としても知られ、卵を産む前の秋から冬が旬。

背骨
11個の腹椎と27個の尾椎からできていて、合計38個の椎骨からは上下にたくさんの細い骨が出ていて、背びれとしりびれを支えている。

尾びれ
先の枝分かれした鰭条（すじ状のとげ）とそれを尾椎につなぐ下尾骨からできている。

下尾骨

尾椎

しりびれ
胸部から尾びれの付け根まで鰭条（すじ状のとげ）が並んでいる。背びれとともに、これを波うたせて泳ぐ。

正面から見た全身の骨

正面から見ると、骨格全体が非常に平らなことがよくわかる。

★＝千葉県立中央博物館蔵

A 体と生態のふしぎ

ヒラメ

ヒラメの仲間は、世界で約85種類、日本では10種類が知られています。体は非常に平たく、多くは円形やだ円形をしています。昼間は泥や砂にもぐり、眼だけを出してかくれています。夜になると動き出し、鋭い歯でイワシやエビ、イカなどをとらえて食べます。また、海底では、まわりに合わせて体の色を変え、目立たないようにして身を守るのも特徴です。

写真提供：下関市立しものせき水族館「海響館」

体の色や模様を砂に似せるヒラメ かくれる場所が少ない泥や砂の海底でくらしているヒラメは、海底の色に合わせて体の模様や色を変えることで自分自身を目立たなくし、敵から身を守っている。

背びれ
とても長い背びれを、体といっしょに動かして、水をかいて泳ぐ。付け根にある筋肉がとても発達している。

眼
右眼・左眼とも顔の左側に寄り合うようについている。

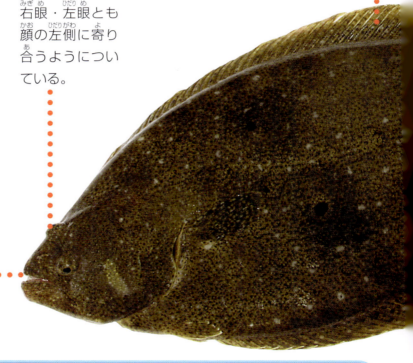

口

横にさけた大きな口を使って、エビなどの甲殻類や小魚を食べる。

成長とともに姿を変えるヒラメ

ヒラメは、成長するとともに姿を変えていきます。卵からふ化した直後は、ほかの魚と同じように、眼は一方に片寄っておらず、顔の両側についていますが、やがて体が平たくなって右眼が左側に移動します。

ふ化後3～4日ごろ 全長約2.6～2.8mm。眼は両側にあり、海中をただよってくらす。

ふ化後20～25日ごろ 全長約10mm。眼が顔の左に寄りはじめる。

ふ化後30日ごろ 全長約14mm。眼の移動がほぼ終わり、海底で横になってくらしはじめる。

写真提供：北海道立栽培水産試験場 齋藤節雄

ヒラメの背びれやしりびれの付け根はエンガワと呼ばれる。

ヒラメの刺身 マグロは広い海を長時間泳ぎ回るが、ヒラメは短時間すばやく泳ぐ。多くの酸素を必要とするマグロの筋肉には血液と同じヘモグロビンが多い。マグロの刺身が赤く、酸素の少なくてすむヒラメの筋肉が白いのはそのためだ。

筋肉

短時間に強い力を発揮する白い筋肉（速筋）をもち、えものをとったり逃げたりするときにすばやく動く。

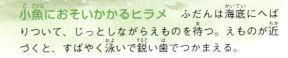

イラスト：七宮事務所

小魚におそいかかるヒラメ ふだんは海底にへばりついて、じっとしながらえものを待つ。えものが近づくと、すばやく泳いで鋭い歯でつかまえる。

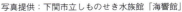

写真提供：下関市立しものせき水族館「海響館」

皮ふ

体の左側の皮ふの下には、黒い色素をもつ細胞がある。その大きさを調節して、体の色や模様をまわりの砂や泥そっくりに変えることができる。体の右側の皮ふは白い。

ヒラメ

泳ぐヒラメ 一般的な魚と違い、体を横にして背びれやしりびれを動かし、体全体を上下に波うたせてすばやく泳ぐ。

ヒラメとカレイの見分け方

ヒラメとカレイはどちらもカレイ目と呼ばれる仲間で、体が平たく、見た目もよく似ています。これらを見分ける目安として、「左ヒラメに右カレイ」という言葉が昔から伝えられてきました。これは、体の左側に眼のあるのがヒラメ、右側に眼のあるのがカレイという意味です。しかし、決定的ではなく例外もあります。

千葉県立中央博物館蔵

イシガレイ（上）とイシガレイの骨格（左） 骨格もヒラメとよく似ているが、眼の入る穴は頭の右側についている。

 カレイの仲間のヌマガレイは、眼が頭の左側にあるものと右側にあるものの両方がいる。

Q ホネほね、何の骨？

やわらかい骨をもった魚は何だ！？

温帯から熱帯にかけて、岸の近くの深さ100mまでの海にすむ魚です。この魚の骨は、ヒトのようにかたくなく、軟骨という弾力のあるやわらかめの骨でできています。骨の形を見ると、上にでっぱった頭からまっすぐな背骨がのび、胸や腹、背中や尾に多くのひれがついています。特にとげのある背びれが目立ちます。さて、こんな骨をもつ魚は何でしょうか？

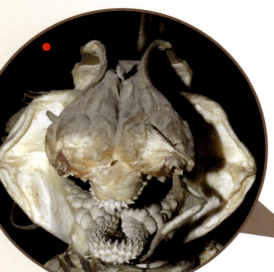

頭の骨
全体的に幅がせまく、顔の下側が前に突き出ている。

背骨
72～74個の椎骨からできていて、胸の部分には小さな肋骨がある。

肋骨

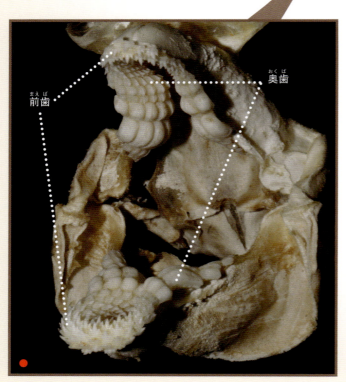

前歯　奥歯

顔や模様がネコに似ているといわれるよ。

歯
上あご、下あごともに前の歯は小さくとがっている。奥の歯は大きくて平らになっており、くっつきあっている。

データ

- **分類** 魚類
- **分布** 日本の本州以南、朝鮮半島、台湾の沿岸部
- **全長** 70〜100cm
- **メモ** 最大で1.2mになる。夜行性で、昼間は海底でじっとしていることが多い。

背びれ

2つの背びれの前には、それぞれかたいとげがある。また、背びれの骨全体は板のような軟骨でできており、背骨とつながっている。

…… とげ

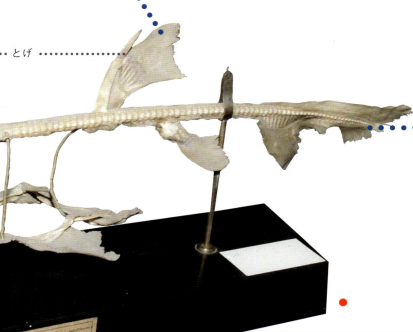

尾びれ

尾びれには背骨からつながる尾椎が1本通っている。尾びれの下のほうには切れこみがあり、独特の形をしている。

上から見た全身の骨

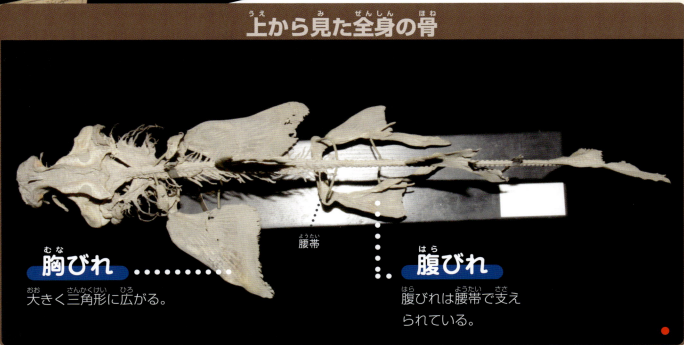

胸びれ
大きく三角形に広がる。

腰帯

腹びれ
腹びれは腰帯で支えられている。

●＝和歌山県立田辺高等学校蔵／写真提供：和歌山県立自然博物館

A 体と生態のふしぎ

ネコザメ

　現在、世界で400種以上のサメが知られ、そのうちネコザメの仲間は8種類が確認されています。日本近海には、ネコザメとシマネコザメの2種がすんでいます。サメの仲間はふつう、頭がとがっていますが、ネコザメの頭は短くて丸く、強力なあごと歯で貝殻をかみ砕いて中身を食べます。めすは、ねじのような変わった形の卵を産むことで知られています。

写真提供：海遊館

写真提供：下田海中水族館

夜のネコザメの眼　ネコザメは、ネコと同じように明るさによってひとみの大きさを変える。

水中のネコザメ　昼間は、海底の岩場や藻の生えたところでじっとしていることが多く、底をはうように移動する。

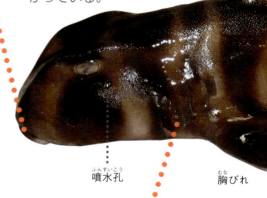

頭　頭のてっぺんはへこんでいるが、眼の上は盛り上がっている。

口　サメの仲間の口は、眼の下あたりにあることが多いが、ネコザメの場合は顔の前のほうにある。巨大な奥歯で貝やエビ、魚などをかみ砕いて食べる。

噴水孔　　胸びれ

えら　えらは5対あり、3対は胸びれの上にある。眼の後ろ下に噴水孔という穴があり、ここから吸いこんだ水をえらから出して呼吸する。

イラスト：七宮事務所

サザエを食べるネコザメ　強い奥歯でかたいサザエの殻でも割ることができるので、別名を「サザエワリ」ともいう。

150　　サメの仲間には、ほかの魚と違って浮力を調整する浮き袋がない。

サメの仲間

サメの仲間は、ネコザメのようにあまり動かずに海底でくらす底生性のものと、ホホジロザメなどのように広い海を泳ぎ回ってくらす遊泳性のものの2つに大きく分けられます。魚の多くは、えらぶたを動かして海水を取りこみ、水中の酸素を取り入れて呼吸しますが、サメは自由にえらぶたを動かせません。そのため遊泳性のサメは、常に泳ぎ続けて口から海水を取りこまないと、呼吸ができずに死んでしまいます。底生性のサメには噴水孔があるので、泳がなくても呼吸ができます。

ホホジロザメ（上）とシュモクザメ（下） ともに遊泳性。流線形の体をもつホホジロザメは、水中をすばやく移動し、アザラシなどのえものをしとめる。ハンマーのような頭が特徴的なシュモクザメは、頭の先に眼と鼻がついているため、えもののにおいを感じたり、まわりを見たりするのに有利だと考えられている。

撮影地：海遊館

ジンベエザメ 遊泳性のサメ。魚類の中でもっとも大きく、12m以上になることもある。大きな口をあけて、プランクトンや小魚などのえものを吸いこむ。

尾びれ
背びれ
しりびれ
腹びれ

皮ふ 歯のようなかたいうろこ（楯鱗）におおわれている。触るとざらざらしている。

ひれ サメの仲間はひれも軟骨でできていてやわらかい。ネコザメとツノザメの仲間だけが背びれにとげがある。

ネコザメ
写真提供：和歌山県立自然博物館

サメとエイの違い

かたい骨をもつ硬骨魚に対して、サメのように骨が軟骨でできた魚を、軟骨魚といいます。エイの仲間も軟骨魚で、サメとエイを見分けるにはえらが目安となります。エイのえらは体の下側にあるのに対し、サメのえらは体の側面にあり、背中のほうからも見ることができます。

ネコザメの卵 めすは、サンゴや岩の間に卵を産みつける。卵についたねじ型のひだは、サンゴや岩に固定するのに役立つ。卵はふ化するまでにおよそ1年かかる。

写真提供：下田海中水族館

写真提供：海遊館
オニイトマキエイ

サメの仲間には、卵を産む卵生のものと、大人と同じ形をした子どもを産む胎生のものがいる。

特集 骨や内臓がすけて見える!!
ふしぎな透明標本の世界

「透明標本」とは、動物の筋肉を薬で分解して透明にし、体の中のかたい骨を赤く、軟骨を青く色付けしたもので、食べた物も染色されます。こうすると、小さくて解剖の難しい動物や、骨格標本にすると壊れやすい魚でも、生きているときと同様にさまざまな角度から観察することができます。骨格標本とはひと味違う透明標本の世界を見てみましょう。

リクガメ
リクガメの一種。陸上生活するカメの骨格は、水中で生活するカメよりも太く、がんじょうにできている。透けかして見ると、背骨や肋骨が変化して甲羅ができていることがよくわかる。

イバラタツ
タツノオトシゴの仲間で、全身が甲板というかたい骨質の皮ふでおおわれている。甲板は体全体を輪のように取り巻いているため、「体輪」とも呼ばれる。

スルメイカ
イカは背骨のない無脊椎動物で、体の中には軟骨以外の骨がない。そのため、体全体が透明で、中の内臓がすけて見える。

舌骨

ジャクソンカメレオン
のび縮みする舌でえものをとらえる。昆虫やクモなどが近づくと、舌の根元にある舌骨を前に押し出して縮めていた舌をばねのようにのばす。ねばる舌の先にえものをくっつけてとらえる。

シュレーゲルアオガエル

北海道を除く日本各地にすむアオガエルの仲間。赤い骨と骨をつなぐ関節部分の軟骨は青く染まっている。この軟骨があることで、衝撃をやわらげ、また関節をなめらかに動かすことができる。

アカハライモリ

北海道以外の日本各地にすむイモリの仲間。頭の骨や背骨は発達していて赤く見えるが、前あしや後ろあしの関節は青く、軟骨が多いことがわかる。

ヤマカガシ

日本各地にすむヘビの仲間。長く連なったおなかの椎骨の間には、大きな口で飲みこんだカエルの姿（矢印）が透けて見える。

どうして体が透明になるの？

動物の筋肉は、おもにたんぱく質からできています。そのため、たんぱく質を分解する酵素の入った水溶液に動物の体をひたしておくと、筋肉がとけます。次にかたい骨をアリザリンレッドと呼ばれる染色液で赤く、軟骨をアルシャンブルーと呼ばれる染色液で青く染めます。最後に濃いグリセリン溶液に動物の体をひたすと、筋肉はきれいな透明になり、かたい骨は赤く、軟骨は青く見えるのです。

透明標本の保存 動物の筋肉を分解して透明にしてあるので、取り出すとつぶれるほどもろくなる。そのため、薬の液につけて保存する。上手に保存すれば、つくったばかりの状態を長期間保つことができる。

P44～45写真すべて：New World Transparent Specimens/Iori Tomita©

Q ホネほね、何の骨？

海底でつりをする魚はなあに!?

深海から浅い海まで、いろいろな場所にすみ、海底でほかの魚をおびき寄せて食べてしまう魚です。骨を見ると、頭は大きく、上から押しつぶされたように平たい形をしています。口は大きく開き、下あごが上あごより前に突き出ています。また、肋骨がほとんどなく、まっすぐにのびた背骨が目立ちます。さて、この骨はどんな魚のものでしょう？

頭の骨
押しつぶされたように平らになっている。頭のてっぺんに2列のとげがあり、短いすじが1本のびている。

歯
上下のあごに生えている歯は、鋭くとがり、すべて内側に向いている。また、歯は内側にたおれるようになっている。

横から見た全身の骨

尾に向かって、体全体が平たくなっていることがわかる。

背骨
26〜30個の椎骨からできており、肋骨はほとんどついていない。

尾びれ
先が枝分かれしたすじが、8～9本ある。

胸びれ
大きく、体の両側にある。ヒトでいう肩の骨（肩甲骨）に支えられている。

肩甲骨

> 頭の上のすじをつりざおのようにして、えものをとるよ。

◆＝千葉県立中央博物館蔵

データ

- **分類** 魚類
- **分布** 北海道以南の日本近海、黄海、東シナ海北部
- **全長** 30～120cm
- **メモ** 最大で約1.5m。体重30kg以上になる。食材としても有名。

上から見た全身の骨

頭は、全体の3分の1ほどの大きさを占めている。下あごが上あごより、かなり前に出ていることもわかる。

A 体と生態のふしぎ

アンコウ ＜キアンコウ＞

アンコウの仲間は、世界に約310種、日本には約60種います。世界中の海にすんでおり、その多くは海底ですごしています。前ページの骨はキアンコウのものです。食材としても有名で、日本近海で見られるアンコウの代表的な種です。大きな口をもち、体は頭から尾にかけて細くなっています。うろこがなく、全身がぬるぬるとしています。

砂にかくれるキアンコウ 誘引突起と眼以外は砂にまぎれており、動かなければ砂と見分けがつかない。体の側面にある皮弁というかざりのようなもので、体の形をわからないようにしている。

胸びれ とても大きく、えものが近づいたときに、体を起こすのに使う。胸びれの後ろにえらがある。

内臓 内臓の中で一番大きい臓器は肝臓で、「あんきも」という食材として知られる。

キアンコウ

つりをするキアンコウ 突き出した誘引突起をゆらゆら動かしてえものを誘いこむ。えものが近づいてきたら、ふだんのにぶい動きからは想像もつかないほど、すばやい動きでえものをひと飲みしてしまう。

イラスト：七宮事務所

キアンコウとアンコウは似ているが、キアンコウの口の中は白っぽく、アンコウの口の中は黒地に白っぽい斑点がある。

皮ふ

うろこがなく、ぬるぬるしている。背中側は黄色みをおびた茶かっ色をしていて、キアンコウの名前のもととなったといわれる。腹側には白い斑点がある。

誘引突起

背びれのとげが変化したもので、その先にあるルアー（ぎじえ）のようなものを使って、えものをおびき寄せてとらえる。

口

横に広がった大きな口でコモチジャコやテンジクダイ、カタクチイワシなどの魚を丸飲みにして食べる。

★=下関市立しものせき水族館「海響館」

アンコウのさばき方

アンコウは、背骨以外のほとんどの部分を食べることができます。しかし、その体はやわらかくぬるぬるとしているので、ほかの魚のようにまな板で切るのは困難です。そのため、アンコウの場合には口の中にかぎ針をひっかけ、つるしながら身を切る「つるし切り」と呼ばれる独特のさばき方をします。

アンコウのつるし切り　　写真提供：北茨城市商工観光課

アンコウの仲間

アンコウの仲間にはさまざまな種類がいますが、その多くは、先にぎじえ（にせもののえさ）のようなものがついた誘引突起をもっています。誘引突起の形は種によって違いますが、キアンコウと同じく、えものをおびき寄せるためにそれを使います。中には、誘引突起を動かすのではなく、その先を光らせてえものをおびき寄せる仲間もいます。

カエルアンコウ　誘引突起を使ってえものをおびき寄せる。また、胸びれと腹びれを使い、海の底を歩くように動く。

写真提供：比三一ダイバーズクラブ

チョウチンアンコウ
海の深いところにすむ深海魚。頭部に長い誘引突起があり、その先を光らせることでえものをおびき寄せる。

イラスト：梅田紀代志

キアンコウの卵は、3〜5mの帯のような膜におおわれ、海面をただよう。

ホネほね、何の骨？

広い海をぷかぷかただよう魚は何だ!?

暖かい海の水面や浅い海の中をただようように泳ぐ魚です。体は左右から押されたように平らで、横から見ると卵形をしています。骨を見ると、胸びれが小さく、体の上側の背びれと体の下側のしりびれが大きく、目立ちます。多くの魚が泳ぐときに使う尾びれはなく、背びれとしりびれを動かして泳ぎます。こんなふしぎな骨をもつ魚は何でしょう？

背骨
8～9個の椎骨でできていて、ほかの魚のような背骨からのびる肋骨はない。

口と歯
体のわりに口はとても小さい。歯はくっつき合って板状になり、くちばしのように口の前に突き出ている。

泳がないで海面に
横になって
浮かぶこともあるよ。

胸びれ
体のわりに小さく、左右にかたむくのを防ぐ役割をしている。

データ
- ■分類　魚類
- ■分布　太平洋、インド洋、大西洋の熱帯から温帯の海域
- ■全長　3m
- ■メモ　大型のものは縦4m、横3m、体重2トン以上にもなる。

◆＝千葉県立中央博物館蔵

背びれ

ほかの魚と比べて大きい。体の後ろのほうにあって、上に長くのび、泳ぐのに使われる。

かじびれ

ほかの魚と違い、尾びれも背骨につながって尾びれを支える骨もない。背びれやしりびれの後部がのびて変形し、かじびれとなっている。

しりびれ

ほかの魚に比べて大きい。体の後ろのほうにあり、下に長くのびる。背びれと同じく、泳ぐのに使われる。

前から見た全身の骨

左右から押しつぶしたような、うすい体をしており、体の上下にひれが長くのびている。

159

A 体と生態のふしぎ

マンボウ

マンボウは、世界に約360種いるフグの仲間です。外洋の深さ200mほどのところで長い時間をすごしたり、海面近くから深さ800mくらいの間を行き来したりしています。若いマンボウは群れをつくることがありますが、だいたい単独で行動します。背びれとしりびれを左右に動かして泳ぎ、波の静かなときは、海面に横たわって浮かぶこともあります。

口を開けて泳ぐマンボウ　丸い口の上下には、1つ1つの歯がくっついて板のようになった歯がある。その歯でクラゲやイカ、エビなどをとって食べる。

 口
くっついた歯がくちばしのように突き出ている。口を閉めると、縦に細長くなる。

眼
体の側面についている。魚ではめずらしく、眼を閉じることができる。

 体
体の後ろ半分が切れたような形で、頭しかないように見えるため、英語で「ヘッド（頭）フィッシュ（魚）」と呼ばれることもある。

マンボウ
撮影地：海遊館

マンボウの成長

卵や子どもがほかの動物に食べられやすいマンボウは、約3億個もの卵を産みます。子どものころは、全身にとげがあります。このとげは、成長するにつれて長くなりますが、やがて短くなり、大人になると完全になくなります。この体のとげは、ほかの魚などに食べられないようにするのに役立つと考えられているほか、表面積を大きくして水からうける力（浮力）を大きくしているともいわれています。また、卵から生まれたばかりの子どもには、尾びれがありますが、成長するとともになくなります。

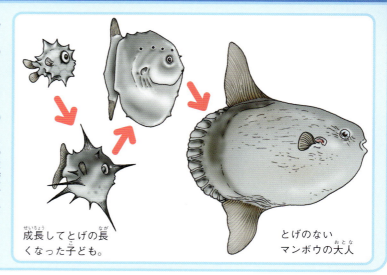

成長してとげの長くなった子ども。

とげのないマンボウの大人

海面から50cm以上ジャンプするマンボウの姿がときどき見られる。

マンボウの昼寝 海面に体を横たえることもあり、「マンボウの昼寝」と呼ばれている。なぜこのような格好をするのかについては、日光をあびて体の寄生虫をとっている、休んでいる、体調が悪いときに行うなどいろいろな説があるが、その理由はわかっていない。

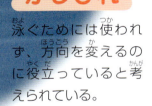

皮ふ 皮ふは厚く、表面のうろこは退化して小さくなっている。体とかじびれには、歯状突起があり、体はぬるぬるとした液でおおわれている。

かじびれ 泳ぐためには使われず、方向を変えるのに役立っていると考えられている。

しりびれ　背びれ 体の下のしりびれと上の背びれの付け根には、強力な筋肉がついている。背びれとしりびれを左右に動かして泳ぐ。

フグの仲間

マンボウはフグの仲間で、この仲間は、体が全体的に丸みをおび、歯がくっついてくちばしのようになっていること、腹びれが退化して小さかったり、なくなっていたりすること、肋骨がないことなどが特徴です。トラフグをはじめ、カワハギやハリセンボンなどもフグの仲間です。
また、横から見た丸い形がマンボウに似ていることから、アカマンボウと呼ばれる魚がいますが、この魚はフグの仲間ではありません。

ハリセンボン ふだんは体のとげをねかせているが（下）、敵におそわれると、体をふくらませ、とげを立てて身を守る（左）。フグの仲間に肋骨がないのは、腹に空気や水を入れてふくらませるためだと考えられている。

写真提供：鴨川シーワールド

アカマンボウ マンボウと同じく、左右からつぶされたように体が平らで、歯のない口で小魚やイカなどをとってくらす。最大で、2m、270kgにもなる。

写真提供：和歌山県立自然博物館

マンボウは、子どものときには、多くの魚がもつ浮き袋があるが、成長するとなくなる。

特集 魚の骨観察にチャレンジ！
マダイの骨を見てみよう！

魚の多くは、骨が複雑に組み合わさっています。しかし、マダイは割合小骨が少なく、基本的な骨のつくりがわかりやすい魚です。また、骨は蒸してもバラバラになりにくく、身からはがれやすくなります。マダイを蒸して皮や身を取り、骨を見てみましょう。

用意するもの
- マダイ1尾
- 蒸し器
- 大皿1枚
- はし
- キッチンペーパー数枚

① マダイを蒸し器で20分ほど蒸し、大皿に移す。

② 背骨（中骨）にそって、はしですじを入れる。

③ キッチンペーパーで頭をおさえながら、背側の身をていねいにはぎとる。

④ 同じようにして、腹側の身もはぎとる。

⑤ 背骨をはしで少しずつもち上げて、裏側の身を取る。

マダイってどんな魚？

マダイは、北海道より南の日本沿岸、朝鮮半島、中国までの深さ30～200mの岩礁などにすみ、回遊しながらくらしています。体のつくりは、水の抵抗が少なく、高速で泳ぐのに都合よくできています。背骨の両側には筋肉がつき、泳ぐための力を生み出します。また、体についているさまざまなひれを動かすことで、速度を上げたり進む向きを変えたりしながら泳ぎます。

⑥ 頭の身や皮ふなどをはぎとる。

⑦ 目玉やえら、腹わたなどを取り除く。

口と歯

鋭い前歯でエビやカニ、貝、ヒトデなどにかみつき、奥歯でかみ砕いて食べる。

尾びれ

縁がギザギザで、真ん中が切れこんでいる。尾びれをくねらせて水を後ろに押しのけ、前へと進む。

背骨

太くてがっしりしている。頭から尾びれまでつながり、体全体を支えている。胸の部分には肋骨がつき、内臓を守る。背骨のまわりに体を動かす筋肉がつく。

しりびれ・背びれ

背びれやしりびれは、水中にまっすぐ立てて、体の安定を保つ。高速で泳ぐときは背びれを後ろへねかせる。

胸びれ・腹びれ

胸びれと腹びれは左右一対ずつあり、体の左右のバランスを取るはたらきがある。また、向きを変えたり、ブレーキをかけたりするときに使う。

烏口骨

肩の骨の一部で、胸びれを支える。

硬骨魚の基本的な骨格

タイのようにかたい骨をもつ魚を硬骨魚といいます。魚の骨格は、ひれやうろこなど体の表面にある外骨格と、背骨など体の中にある内骨格に分けられます。頭の骨は、いくつもの骨が複雑に組み合わさってできています。背骨は、頭の後ろから尾びれまで椎骨が連なってまっすぐのびています。それぞれの椎骨からは上下にとげがのび、ここに体を動かす筋肉がつきます。

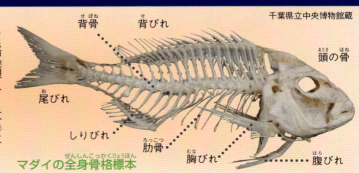
マダイの全身骨格標本　千葉県立中央博物館蔵

【監修者】
富田 京一
（とみた きょういち）

1966年福島県生まれ。肉食爬虫類研究所代表。世界の恐竜発掘現場や沖縄の爬虫類を調査するともに、CGによる恐竜復元や理科教育の普及活動にも力を入れている。『映画ドラえもん のび太の恐竜2006』『いのちめぐる島イリオモテ』などの映像作品や各地の博覧会にも協力。著書に『最新恐竜入門』『トミちゃんのいきもの五十番勝負——手提げコウモリは電気冷蔵庫の夢を見るか?』（共に小学館）、『ザ・爬虫類＆両生類』（誠文堂新光社）、『恐竜は今も生きている』（ポプラ社）他、多数。

【デザイン】柳平和士
【レイアウト】ハユマ
【写真撮影】伊藤隆之／久保政喜／富田京一／柳平和士
【イラスト】梅田紀代志／金井裕也／工藤晃司／栗原樹奈／高橋正輝／中尾雄吉／七宮事務所／桝村太一／ハユマ

＊企画担当／日本図書センター

【編集・構成・執筆】ハユマ
（原口結・中野雄介・近藤哲生・戸松大洋・小西麻衣・小髙まりゑ・菊池慧久・佐藤朝子・相馬沙椰子）

【編集協力】香野編集事務所（香野健一）

＊著作権につきましては十分に配慮しましたが、お気づきの方がいらっしゃいましたら、小社までご一報ください。

本書は、『ホネからわかる！ 動物ふしぎ大図鑑（全3巻）』（小社刊、初版2010年）をベースに、構成・造本をあらため、1冊にまとめたものです。

ホネホネ 動物ふしぎ大図鑑

初版第1刷発行　2018年9月25日

［監修者］富田 京一
［発行者］高野 総太
［発行所］株式会社 日本図書センター
〒112-0012　東京都文京区大塚3-8-2
電話　営業部 03 (3947) 9387　出版部 03 (3945) 6448
http://www.nihontosho.co.jp
［印刷・製本］図書印刷 株式会社
ISBN978-4-284-20421-7　C8645

2018 Printed in Japan

■写真提供・協力者一覧

秋吉台自然動物公園サファリランド／アドベンチャーワールド／我孫子市鳥の博物館／伊豆・三津シーパラダイス／いわき市石炭・化石館／NPO東洋蝙蝠研究所／大町市立大町山岳博物館／御前崎市教育委員会／恩賜上野動物園／海遊館／神奈川県立生命の星・地球博物館／鴨川シーワールド／観光ネットワーク奄美／北茨城市商工観光課／岐阜県博物館／九州自然動物公園アフリカンサファリ／群馬サファリパーク／京急油壺マリンパーク／神戸市立王子動物園／国立科学博物館／国立極地研究所／小林修一／小宮輝之／齋藤節雄／札幌市円山動物園／サンシャイン水族館／島根県立三瓶自然館／下田海中水族館／下関市立しものせき水族館「海響館」／新世界『透明標本』冨田伊織／太地町立くじらの博物館／千葉県立中央博物館／千葉市動物公園／土井啓行／東京都多摩動物公園／徳島県立博物館／鳥取県立博物館／鳥羽水族館／富山市ファミリーパーク／長崎バイオパーク／財団法人日本鯨類研究所／日本大学生物資源科学部博物館／日本蛇族学術研究所（ジャパンスネークセンター）／ニューメキシコ自然史博物館／沼田正／羽咋市歴史民俗資料館／八丈町産業観光課／浜松市動物園／檜垣俊忠／ひがし北海道観光事業開発協議会／比三一ダイバーズクラブ／PPS通信社／姫路セントラルパーク／広島市安佐動物公園／広島大学両生類研究センター／福岡市動物園／北海道立栽培水産試験場／増田泰／瑞穂ハンザケ自然館／宮城県自然保護課／横浜市立金沢動物園／横浜市立野毛山動物園／よこはま動物園ズーラシア／和歌山県立自然博物館／和歌山県立田辺高等学校／123RF／EyesPic(http://www.eyes-art.com)／Fotolia／photolibrary／Shutterstock／stockexpert／PIXTA

※ⒸⒸのクレジットが付いた写真は"クリエイティブ・コモンズ・ライセンス-表示-3.0"(http://creativecommons.org/licenses/by/3.0/) の下に提供されています。

■主な参考文献

『ANIMAL 世界動物大図鑑』ネコ・パブリッシング／『イラスト読本 からだの歴史』農山漁村文化協会／『イルカ、クジラの大図鑑』PHP研究所／『Insiders ビジュアル博物館 サメとその生態』昭文社／『解剖男』講談社／『科学のアルバム』あかね書房／『学習図鑑からだのかがく 骨格』ほるぷ出版／『学研の図鑑 動物』学習研究社／『学研まんが 新・ひみつシリーズ ヒトの進化のひみつ』学習研究社／『からだの地図帳』講談社／『驚異! 透明標本いきもの図鑑』宝島社／『恐竜骨格図集』学習研究社／『恐竜図解新事典』小峰書店／『恐竜大図鑑』日経ナショナルジオグラフィック社／『恐竜たちの地球』岩波書店／『恐竜ホネホネ学』日本放送出版協会／『魚類解剖大図鑑』緑書房／『鯨類学』東海大学出版会／『原色ワイド図鑑』学習研究社／『魚・貝の生態図鑑』学習研究社／『魚の形を考える』東海大学出版会／『魚・水のふしぎ（ポプラディア情報館）』ポプラ社／『週刊 日本の天然記念物』小学館／『進化がわかる動物図鑑』ほるぷ出版／『新世界 透明標本』小学館／『人類進化の700万年』講談社／『水産動物解剖図譜』成山堂書店／『スーパーリアル恐竜大図鑑』成美堂出版／『図解雑学 動物の不思議』ナツメ社／『図説 哺乳類の進化』テラハウス／『すべてわかる恐竜大事典』成美堂出版／『世界哺乳類図鑑』新樹社／『脊椎動物の進化』築地書館／『脊椎動物の歴史』どうぶつ社／『地球動物図鑑』新樹社／『中学生理科の自由研究 こだわり実験23』成美堂出版／『動物解剖図』丸善／『動物系統分類学』中山書店／『動物考古学』京都大学学術出版会／『動物大百科』平凡社／『動物の生態図鑑』学習研究社／『動物のふしぎ（ポプラディア情報館）』ポプラ社／『飛ぶしくみ大研究』PHP研究所／『鳥の生態図鑑』学習研究社／『鳥の骨探』エヌ・ティー・エス／『日本産哺乳類頭骨図説』北海道大学出版会／『日本動物大百科』平凡社／『Newton』ニュートンプレス／『人間性の進化』日経サイエンス社／『ネイチャーワークス』同朋舎出版／『爬虫類と両生類の写真図鑑』日本ヴォーグ社／『パンダの死体はよみがえる』筑摩書房／『ビジュアルディクショナリー』同朋舎出版／『ビジュアル動物大図鑑Animals』日経ナショナル・ジオグラフィック社／『ビジュアル博物館』同朋舎出版／『美術のためのシートン動物解剖図』マール社／『フィールドベスト図鑑 日本の哺乳類』学習研究社／『ふしぎ！なぜ？大図鑑』主婦と生活社／『ペンギン大百科』平凡社／『ペンギンもクジラも秒速2メートルで泳ぐ』光文社／『BONES—動物の骨格と機能美』早川書房／『哺乳類の生物学』東京大学出版会／『骨から見る生物の進化』河出書房新社／『骨-動物の内側を見る』白水社／『骨と骨組みのはなし』岩波書店／『骨のあるやつ』岐阜県博物館／『骨の学校』木魂社／『骨の動物誌』東京大学出版会／『ホネホネたんけんたい』アリス館／『ホネホネどうぶつえん』アリス館／『みんなが知りたいペンギンの秘密』ソフトバンク クリエイティブ／『ムササビに会いたい！』晶文社出版／『モグラ博士のモグラの話』岩波書店

＊その他、各種文献、各関係団体等の資料、ホームページなどを参考にさせていただきました。